**Alexander Groth**

**30 Minuten**

# Führen mit EQ

W0194784

Bibliografische Information der Deutschen Nationalbibliothek

Die Deutsche Nationalbibliothek verzeichnet diese Publikation in der Deutschen Nationalbibliografie; detaillierte bibliografische Daten sind im Internet über http://dnb.d-nb.de abrufbar.

Umschlaggestaltung: die imprimatur, Hainburg
Umschlagkonzept: Martin Zech Design, Bremen
Illustrationen: Thomas Plaßmann
Lektorat: Friederike Mannsperger
Satz: Zerosoft, Timisoara (Rumänien)
Druck und Verarbeitung: Salzland Druck, Staßfurt

Hinweis:
Das Buch ist sorgfältig erarbeitet worden. Dennoch erfolgen alle Angaben ohne Gewähr. Weder Autor noch Verlag können für eventuelle Nachteile oder Schäden, die aus den im Buch gemachten Hinweisen resultieren, eine Haftung übernehmen.

Printed in Germany

ISBN 978-3-86936-351-6

# In 30 Minuten wissen Sie mehr!

Dieses Buch ist so konzipiert, dass Sie in kurzer Zeit prägnante und fundierte Informationen aufnehmen können. Mithilfe eines Leitsystems werden Sie durch das Buch geführt. Es erlaubt Ihnen, innerhalb Ihres persönlichen Zeitkontingents (von 10 bis 30 Minuten) das Wesentliche zu erfassen.

## *Kurze Lesezeit*

In 30 Minuten können Sie das ganze Buch lesen. Wenn Sie weniger Zeit haben, lesen Sie gezielt nur die Stellen, die für Sie wichtige Informationen beinhalten.

- Alle wichtigen Informationen sind blau gedruckt.

- Schlüsselfragen mit Seitenverweisen zu Beginn eines jeden Kapitels erlauben eine schnelle Orientierung: Sie blättern direkt auf die Seite, die Ihre Wissenslücke schließt.

- *Zahlreiche Zusammenfassungen innerhalb der Kapitel erlauben das schnelle Querlesen.*

- Ein Fast Reader am Ende des Buches fasst alle wichtigen Aspekte zusammen.

- Ein Register erleichtert das Nachschlagen.

# Inhalt

# Vorwort

Führen mit emotionaler Intelligenz ist ein Dauerthema, über das zwar sehr viel geschrieben wird, aber die praktische Umsetzung in den Unternehmen ist oft gering. Mittlerweile weiß zumindest jede Führungskraft, was der Begriff bedeutet und wie wichtig der emotionale Quotient (EQ) für das eigene Führungsverhalten ist. Die Fachliteratur zum Thema wächst jährlich. Dazu im Gegensatz stehen die Ergebnisse aus Studien über die Zufriedenheit am Arbeitsplatz, die zeigen, wie enttäuscht viele Mitarbeiter von ihren Chefs sind. In fast allen nationalen und internationalen Studien zu Kündigungsgründen rangiert der Vorgesetzte auf einem der ersten drei Plätze, nicht selten auf Platz 1.

Aus meiner eigenen langjährigen Erfahrung mit Führungskräften weiß ich, dass diese bezogen auf ihre eigenen emotionalen Fähigkeiten oft keinen Handlungsbedarf sehen. Das hat zwei Gründe:

1. Viele Führungskräfte verwechseln soziale Kompetenz mit emotionaler Intelligenz. Sie glauben, über ausreichend EQ zu verfügen, weil sie wissen, wie man bei Bedarf ein freundliches Verhalten zeigt. Es macht aber einen großen Unterschied, ob man nur gelernt hat, sich in bestimmten Situationen charmant und zuvorkommend zu verhalten, oder ob man tatsächlich fähig ist, die eigenen Gefühle und die der

Mitarbeiter wahrzunehmen, sie zu verbalisieren und bewusst mit ihnen umzugehen.

2. Viele Führungskräfte sehen keinen Sinn darin, ihren EQ zu steigern. Etwas überspitzt könnte man ihre Position so formulieren: „Ich habe einen knallharten Job, in dem nur die Leistung zählt. Um den auszufüllen, braucht es eine gewisse Härte. Was soll es mir da nützen, wenn ich zum Weichei mutiere?"

Ich werde Ihnen in diesem Buch aufzeigen, warum sich Ihr Leben in allen Dimensionen sehr positiv entwickeln wird, wenn Sie die Wahrnehmung und den Umgang mit Ihren Emotionen verbessern. Den meisten Managern ist nicht ansatzweise bewusst, welchen unglaublichen Gewinn an Lebensqualität die Steigerung ihres EQ für sie bereithält. Dieses Potenzial werde ich Ihnen verdeutlichen. Der Weg dorthin ist weniger durch Techniken als durch eine grundsätzlich neue Sichtweise und Einstellung gegenüber Emotionen gekennzeichnet, die Ihnen dieses Buch vermitteln will.

Ich wünsche Ihnen spannende Erkenntnisse beim Lesen.

*Alexander Groth*

**30 MINUTEN**

# 1. Führen mit EQ lohnt sich

In diesem Kapitel beschäftigen wir uns mit der Frage, warum sich Ihr ganzes Leben positiv verändern kann, wenn Sie Ihre emotionale Intelligenz verbessern. Das Ziel des Kapitels ist, Sie davon zu überzeugen, an sich selbst und der Verbesserung Ihres EQ zu arbeiten. Denn ohne Ihren Willen zur Veränderung nützt Ihnen das ganze Wissen über die Art und Weise der Umsetzung natürlich nichts. In diesem Kapitel werden Sie erfahren, warum Ihr Verstand tatsächlich viel weniger entscheidet, als Sie bisher vielleicht angenommen haben. Und Sie werden verstehen, warum Manager mit hohem EQ die besseren Führungskräfte sind. Es gilt, den weitverbreiteten Irrglauben aufzulösen, dass Manager mit hohem EQ konfliktscheue „Weicheier" seien. Ganz im Gegenteil: Diese können hart durchgreifen, aber sie schätzen besser ein, wann das tatsächlich nötig ist und wie es sich in vielen Situationen vermeiden lässt. Zuletzt will ich Ihnen noch zeigen, dass der für Sie wahrscheinlich größte Nutzen emotionaler Fähigkeiten in Ihrem Privatleben liegt. Mit einem hohen EQ sind Sie nämlich nicht nur ein besserer Chef, sondern vor allem ein besserer Partner, Vater und Freund.

# 1.1 Wer der Chef in Ihrem Gehirn ist

Viele Manager sind stolz auf ihren Intellekt und definieren sich oft weitgehend über ihre rationalen Fähigkeiten. Aussagen wie diese höre ich von Managern häufiger: „Ich bin nicht so der emotionale Typ. Ich gehe die Dinge lieber rational an." – „Gefühle haben im Job nichts verloren." Lesen Sie einmal die folgenden Aussagen und überlegen Sie, welchen davon Sie intuitiv zustimmen:

- „Im Job zählt der Verstand. Ich werde nicht für meine Gefühle bezahlt."
- „Emotionale Menschen haben im Job Nachteile."
- „Gefühle wie Angst, Trauer oder Hilflosigkeit zu zeigen, bedeutet das Ende der Karriere als Manager."
- „Emotionen können schnell peinlich werden. Deshalb ist es besser, Gefühle zu kontrollieren."
- „Es gibt in jedem Beruf Aufgaben, die keinen Spaß machen. Wo kämen wir hin, wenn wir immer nach den Emotionen fragen würden?"
- „Eine gewisse Härte braucht man für den Job als Führungskraft. ‚Weicheier' haben im Management nichts verloren."

Je mehr dieser Aussagen Sie bejahen, desto eher sind Sie ein Anhänger des Verstandes und unterliegen einer weitverbreiteten Illusion: Sie glauben, Ihr Verstand mache Sie erfolgreich, wohlhabend und glücklich und

Emotionen seien zwar unvermeidbar, aber ohne konkreten Nutzen, weshalb man sich von ihnen nicht allzu sehr beeinflussen lassen sollte.

Richtig ist: Wir Menschen sind emotionale Wesen, die zwar einen Verstand besitzen, ihre Entscheidungen aber hauptsächlich aufgrund von Emotionen treffen. Der Einfluss des Verstandes auf unser Handeln wird von den meisten Menschen stark überschätzt.

### Die Gehirnforscher sind sich einig

Die Forschung hat inzwischen klar belegt, dass Emotionen unser Denken und Verhalten stärker beeinflussen, als uns bewusst ist. Der für die Emotionen zuständige Teil unseres Gehirns trifft die meisten unserer Entscheidungen. Der Verstand hat oft nur eine Beratungs- oder sogar nur eine Rechtfertigungsfunktion. Ein Blick auf die Funktionsweise unseres Gehirns zeigt, dass unsere Emotionen unser Verhalten gleich in zweifacher Weise beeinflussen.

Alle Reize, die wir über die Sinnesorgane Augen, Nase, Ohren, Mund und Haut aufnehmen, kommen zunächst im limbischen System an. Dort sitzt unser emotionales Langzeitgedächtnis. Es speichert enorm viele Erfahrungen aus unserer Vergangenheit, an die wir uns in den meisten Fällen bewusst gar nicht mehr erinnern. Die im limbischen System eintreffenden Sinnesreize werden nun mit den bereits gespeicherten Bildern und Sinneseindrücken abgeglichen. Ist im emotionalen Langzeitgedächtnis ein ähnlicher Reiz gespeichert, werden die seinerzeit erlebten Emotionen wieder aktiviert und mit der aktuellen Situation verknüpft. Dieses Auslösen der Emotionen können Sie nicht bewusst beeinflussen. Sie haben lediglich einen Einfluss darauf, wie Sie mit den jetzt entstehenden Emotionen umgehen.

## *Das limbische System löst Emotionen aus*

Nehmen wir an, Sie hatten als Kind einen Lehrer, vor dem Sie Angst hatten, weil er übertrieben streng war und im Umgang mit Schülern überheblich und demütigend auftrat. Wenn Sie als Erwachsener jemanden treffen, der denselben charakteristischen Tonfall pflegt wie Ihr damaliger Lehrer und Ihnen in einem Meeting vor Kollegen kritische Fragen stellt, kann es passieren, dass in Ihnen die Emotionen von damals wieder aktiviert werden. Sie erleben dann auf einmal das Gefühl der Erstarrung und Hilflosigkeit, das Sie als Kind gegenüber diesem Lehrer empfanden. Das gilt auch, wenn die tatsächlich vor Ihnen stehende Person harmlos ist. Wir wundern uns dann, dass ein anderer Mensch uns so aus der Fassung bringen kann. In der Tat sind es aber unsere Erinnerungen und die dazu gespeicherten Emotionen, die dies bewirken.

## *Emotionen beeinflussen Ihr Denken*

Erst nachdem Emotionen ausgelöst wurden und zu körperlichen Symptomen wie zum Beispiel beschleunigtem Herzschlag führen, erreichen die Sinnesreize Ihren Neocortex. Hier hat Ihr Verstand seinen Sitz, der die eingehenden Reize nun analysiert. Aber die vorher ausgelösten Emotionen haben bereits Einfluss auf die Stimmung, in der der Denkprozess nun stattfindet. Wenn die Sinnesreize zum Beispiel vom limbischen System mit starkem Ärger verknüpft werden, beeinflusst dieser in der Folge Ihr Denken. Sie bewerten Dinge in einem verärgerten Zustand anders, als Sie dies in einem entspannten Zustand tun würden. Hier haben Ihre Emotionen also eine erste Wirkung auf Ihr späteres Handeln, indem sie Ihr Denken beeinflussen.

### Das limbische System zensiert

Wenn Ihr Verstand eine Sache nun durchdenkt und eine Entscheidung trifft, will er in Folge das zu der Entscheidung passende Verhalten auslösen. Da der Teil unseres Gehirns, der unser Verhalten auslöst, direkt am limbischen System und nicht am Neocortex angeschlossen ist, schickt der Verstand eine Aufforderung an das limbische System zurück. Dieses erzeugt aber nicht nur unsere Emotionen auf der Basis von Erinnerungen, es bewertet auch die Handlungsvorschläge des Verstandes und prüft die Emotionen, die durch die Umsetzung des Verhaltens ausgelöst werden. Wenn diese als unangenehm bewertet werden und es eine als angenehmer wahrgenommene Alternative gibt, entscheidet sich das limbische System häufig gegen den Vorschlag des Verstandes. Das ist auch der Grund, warum wir tagsüber beschließen, eine Diät zu machen und schon abends wieder zur Schokolade greifen. Der Verstand will in diesem Fall zwar den Verzicht, aber das limbische System entscheidet einfach anders. Es hat also einen doppelten Einfluss auf unser Verhalten. Es beeinflusst mit den ausgelösten Emotionen unser Denken und es unterzieht die vom Verstand vorgeschlagenen Handlungen einer Endkontrolle auf emotionale Passung.

## *Der Verstand täuscht Kontrolle vor*

Wenn wir nun tatsächlich hauptsächlich durch Emotionen gesteuerte Wesen sind, wieso merken wir das im Alltag nicht? Wir glauben doch, die meisten Entscheidungen ganz bewusst mit unserem Verstand zu treffen. In der Tat ist das aber nicht so, der Verstand suggeriert uns das nur. Nehmen wir das Beispiel der Diät noch einmal auf. Sie beschließen abzunehmen und dafür ab sofort auf Süßigkeiten zu verzichten. Jetzt stehen Sie abends trotzdem in der Küche und greifen nach der Schokoladentafel, weil Ihr limbisches System diese Handlung in Auftrag gegeben hat, um Ihnen kurzfristig angenehme Emotionen zu verschaffen. Der Verstand argumentiert in einer Art innerem Dialog gegen den Genuss. Ihrem limbischen System ist das aber herzlich egal. Es sieht nur den kurzfristigen Lustgewinn und Sie packen die Schokolade weiter aus.

Eigentlich müsste der Verstand sich jetzt eingestehen, dass er hier nichts zu entscheiden hat. Das tut er aber nicht gerne, denn der Verstand will immer recht haben. Deshalb schiebt er in letzter Sekunde eine scheinbar rationale Begründung hinterher, um die Illusion aufrechtzuerhalten, er hätte die Entscheidung für dieses irrationale Verhalten selbst getroffen. Ein solcher Grund könnte beispielsweise lauten: „Heute ist eine Ausnahme, weil Sonntag ist. Da darf man sich mal etwas gönnen." So entsteht die Illusion, dass fast alle Entscheidungen rational getroffen würden. Achten Sie mal darauf, wenn Sie wieder etwas tun, das Sie eigentlich lassen wollten. Erst nachdem Sie schon mit dem irrationalen Verhalten begonnen haben, liefert der Verstand eine Begründung.

Sie können diesen Mechanismus in Ihrem Alltag beobachten. Jeder von uns weiß, wie man gesund lebt. Es wäre also vernünftig, dieses Wissen umzusetzen, um bis ins hohe Alter fit zu sein. Das tun wir aber nicht, weil nämlich der Verstand die meisten Entscheidungen nicht trifft, sondern nur nachträglich rechtfertigt.

 *Das limbische System beeinflusst durch Emotionen unser Denken und Handeln. Der Verstand liefert oft nur im Nachhinein eine Begründung für das emotionsgesteuerte Verhalten und erzeugt so die Illusion einer rationalen Entscheidung.*

## 1.2 Warum Manager mit hohem EQ keine erfolglosen Weicheier sind

Viele Manager denken, dass Führungskräfte mit einem hohen EQ nicht wirklich ins harte Wirtschaftsleben passen. Woran liegt das? Leider gibt es in den Unternehmen nur wenige Manager, die über einen hohen EQ verfügen und als authentische Vorbilder dienen könnten. Der in Studien nachgewiesene größere Erfolg von Managern mit hohem EQ zeigt sich so in der Praxis leider selten. Gäbe es mehr Führungskräfte mit einem hohen EQ, würden die Mitarbeiter die Vorteile schnell erkennen.

### *Die Angst vor den Gefühlen ist weitverbreitet*

Viele Manager haben Angst davor, emotional zu wirken. Kein Geschäftsmann und auch keine Geschäftsfrau will den Ruf haben, übermäßig empfindlich oder gar „nah am Wasser gebaut" zu sein. Männer wollen männlich wirken und Managerinnen zumindest als „tough cookie" angesehen werden. Da passen Gefühle wie Angst, Hilflosigkeit, Trauer, Überforderung und Schuld nicht ins Bild. Schon gar nicht, wenn man sich einredet, ein Manager müsse ein alles könnender, immer gut gelaunter und nie um eine Lösung verlegener Supermann sein. Die Angst vor den eigenen Emotionen und deren Wirkung auf andere ist aber unbegründet. Wer einen hohen EQ hat, nimmt seine Gefühle ja nicht nur wahr, sondern geht auch besser und reflektierter damit um. Die Führungskraft mit hohem EQ entscheidet sich also ganz bewusst, welche Emotionen sie nach außen zeigen will und welche nicht.

Ein Grund für die Ablehnung von Emotionen im Beruf besteht eben darin, dass sie oft von Menschen gezeigt werden, die sich dieser nicht bewusst sind und sie verdrängen oder kontrollieren wollen. Wer Emotionen zu lange unterdrückt und verdrängt, sieht sich irgendwann von diesen überwältigt. Wer beispielsweise Ärger immer wieder in sich hineinfrisst, wird irgendwann bei einer Kleinigkeit unverhältnismäßig explodieren, weil sich die aufgestaute Wut dann unkontrolliert entlädt. Solche Momente können für alle Beteiligten sehr peinlich sein und lange in Erinnerung bleiben. Wer dagegen einen Menschen kennenlernen durfte, der im Kontakt zu seinen Emotionen ist und diese richtig einsetzen kann, wird ihn für seinen souveränen Umgang mit ärgerlichen oder schwierigen Situationen vielleicht sogar bewundern. Bei Menschen mit hohem EQ wirkt es nicht peinlich, wenn sie ihre Emotionen zeigen, sondern authentisch.

### *Der Weg zur authentischen Wirkung*

Ihre Emotionen sind ein wichtiger Teil Ihrer Persönlichkeit. Wenn Sie unangenehme Emotionen verdrängen, ist das, als ob Sie versuchen, einen luftgefüllten Ball unter Wasser zu drücken. Man sieht diesen dann zwar nicht mehr, aber er verschwindet ja nicht einfach. Er befindet sich unter der Oberfläche, also im Unbewussten, und entwickelt dort eine Kraft, an die Oberfläche zu kommen. Sie müssen daher dauernd Energie aufwenden, um den Ball unter Wasser zu halten. Je mehr Stress Sie haben, umso größer sind der Ball und sein Auftrieb. Irgendwann verwenden Sie einen großen Teil Ihrer Energie dafür, Bälle unter Wasser zu halten. Und diese Energie fehlt Ihnen für Ihre Führungsarbeit und auch für Ihr Privatleben. Viele Menschen haben sich schon so daran gewöhnt, dass sie gar nicht mehr merken, was sie tagein und tagaus tun. Dafür nehmen das aber ihre Mitarbeiter und auch ihr privates Umfeld wahr. Sie wirken gehetzt, gestresst und genervt. Menschen, die sich ihrer Emotionen bewusst sind und mit diesen umgehen können, wirken deutlich ausgeglichener. Sie haben einen wesentlich besseren Energiehaushalt.

Die meisten Manager hätten gerne, dass man sie für authentische, also echte Persönlichkeiten hält. Wie aber kann man authentisch wirken, wenn man einen großen Teil der eigenen Psyche ablehnt? Die mit großem Aufwand praktizierte Aufrechterhaltung einer gut gelaunten Alleskönner-Fassade lässt Menschen unnatürlich und verkrampft wirken. Kein Mensch ist immer nur gut gelaunt und voller Energie. Echt wirkt man als Vorgesetzter nur, wenn man sich als Mensch manchmal auch mit seinen schwächeren oder verletzlichen Seiten zeigt. Machen Sie sich dabei eines bewusst: Nur starke Persönlichkeiten können gelegentlich Schwäche zeigen. Tatsächlich schwache Charaktere versuchen, niemals als schwach dazustehen, weil sie Angst davor haben, dass man ihre grundsätzliche Schwäche erkennt. Eine authentisch wirkende, starke Führungskraft werden Sie nur, wenn Sie Ihre Emotionen wahrnehmen, mit diesen umgehen und sie auch nach außen zeigen.

## *Mit Emotionen Charisma erlangen*

Was haben John F. Kennedy, Nelson Mandela und der Dalai Lama gemeinsam? Sie sind ohne Zweifel charismatische Persönlichkeiten. Der amerikanische Psychologe Prof. Dr. Ronald Riggio glaubt, dass ein Großteil der charismatischen Wirkung auf den richtigen Umgang mit Emotionen zurückzuführen sei. Laut seiner

Auffassung beherrschen diese Menschen die drei Faktoren, die dieser Fähigkeit zugrunde liegen: die emotionale Expressivität, die emotionale Kontrolle und die emotionale Sensitivität. Mit der emotionalen Expressivität ist die Fähigkeit gemeint, Gefühle mit hoher Energie auszudrücken und andere damit anzustecken. Charismatische Menschen vermögen einen Raum mit ihrer Anwesenheit zu füllen, sie strahlen eine positive Energie aus, die alle in ihren Bann zieht. Emotionale Kontrolle bedeutet, dass charismatische Menschen ihren Emotionen nicht beliebig freien Lauf lassen, denn das würde andere Menschen verschrecken, zu Unverständnis und Verärgerung führen. Charismatisch wirkende Menschen entscheiden bewusst, welchen Emotionen sie Ausdruck verleihen und welchen nicht. Wer hysterisch oder wütend tobt, ist zwar expressiv, wirkt aber selten charismatisch. Die emotionale Sensitivität bezeichnet als Drittes die Fähigkeit, sich auf unterschiedliche Menschen einzustellen und schnell eine emotionale Verbindung zu anderen aufzubauen. Menschen, zu denen wir keine emotionale Bindung verspüren, wirken auf uns wenig sympathisch und damit auch nicht charismatisch.

Wenn Sie also wollen, dass Ihre Mitarbeiter Sie als eine authentische und vielleicht sogar charismatische Führungspersönlichkeit schätzen, kommen Sie nicht darum herum, sich mit Ihren Emotionen ernsthaft zu beschäftigen.

*Wer als Führungskraft authentisch sein und vielleicht sogar charismatisch wirken will, muss lernen, seine Emotionen auszudrücken. Manager, die Emotionen verdrängen und eine Fassade von scheinbar dauerhafter guter Laune aufrechterhalten, wirken verkrampft und unecht.*

**30**

## 1.3 Was Ihnen ein verbesserter EQ für Ihr Privatleben bringt

Wahrscheinlich liegen die größten Vorteile emotionaler Fähigkeiten im Privatleben. Im Berufsleben sind Sie „nur" ein besserer Chef und haben mehr Spaß und Erfolg im Job. Im Privatleben aber werden die Menschen davon profitieren, die Ihnen am wichtigsten sind: Ihr Partner, Ihre Kinder sowie Vertraute und Freunde. Um das zu begründen, will ich Ihnen kurz den Unterschied zwischen Emotionen und Gefühl erläutern, um dann zu zeigen, welchen Einfluss eine verbesserte Wahrnehmung Ihrer Emotionen auf Ihr privates Umfeld hat.

### *Wenn Männer Gefühle unterdrücken*

Der erste Schritt zu einer hohen emotionalen Intelligenz besteht darin, sich der eigenen Emotionen bewusst zu werden. Männer haben natürlich genauso viele Emotionen wie Frauen, nicht weniger, wie manche ernsthaft glauben. Eine Emotion ist eine vom limbischen System ausgelöste körperliche Veränderung, die eine Person wahrnehmen muss, um damit ein Gefühl entstehen zu lassen. Emotionen können verdrängt werden, sodass sich gar kein bewusstes Gefühl entwickeln kann. Eine Emotion für Durst wäre zum Beispiel ein trockener, leicht brennender Hals. Manche Menschen bemerken diesen nicht und bekommen irgendwann leichte Kopfschmerzen, die sie sich nicht erklären können. Der Grund ist die Dehydrierung. Wir halten also fest: Jeder Mensch hat Emotionen, aber nicht jeder kann diese gleich gut wahrnehmen und in Gefühle übersetzen.

Emotionen signalisieren nicht nur körperliche Bedürfnisse, sondern auch unser geistiges Befinden. Eine Führungskraft empfindet zum Beispiel folgende körperliche Veränderungen: Der Herzschlag wird schneller und heftiger. Die Atmung beschleunigt sich. Die Hände werden feucht. Der Hals scheint sich zusammenzuziehen. Der Körper wird schwer. Wenn die Person diese Symptome wahrnimmt, wird ihr wahrscheinlich das Gefühl von Angst bewusst. Sie kann nun überlegen, wo der Auslöser liegt. Vielleicht ist es die Angst, einer bestimmten Aufgabe nicht gewachsen zu sein, die sie überfordert. Vielleicht muss die Führungskraft ein Kündigungsgespräch führen und hat Angst vor der Reaktion des Betroffenen. Vor allem Männer empfinden sich bei Gefühlen wie Angst, Trauer oder Scham schnell als hilflos. Diese Gefühle und die damit einhergehende Hilflosigkeit passen nicht in ihr eigenes männliches

Selbstbild. Sie blockieren deshalb die Wahrnehmung der dazugehörigen Emotionen unbewusst oder nehmen sie nur ansatzweise wahr oder verdrängen sie gleich wieder, indem sie sich zum Beispiel auf etwas anderes konzentrieren.

### Gefühlstaubheit hat ihren Preis

Nicht wenige Männer, insbesondere auch viele Manager, leiden sogar unter Gefühlstaubheit. Sie können ihre Emotionen nur noch diffus oder gar nicht mehr spüren und noch schwerer verstehen oder gar differenziert in Worte fassen. Das hat kurzfristig betrachtet sogar scheinbare Vorteile. Die meisten Führungskräfte stehen unter einer hohen psychischen Belastung, die nicht selten zu Krankheiten führt. Sie leiden unter Zeit- und Leistungsdruck, ständigen Veränderungen und anderen Stressfaktoren. Diesen Druck hält man kurzfristig gesehen leichter aus, wenn man ihn so wenig wie möglich an sich heranlässt, indem man die Emotionen, die Gefühle wie Angst, Hilflosigkeit und Erschöpfung erzeugen, einfach ausblendet bzw. in der Wahrnehmung solcher Emotionen abstumpft.

Was für den Moment sinnvoll erscheint, hat jedoch eine Kehrseite. Eine meiner liebsten Lebensweisheiten und grundlegendsten Erkenntnisse lautet: „An jeder Entscheidung im Leben hängt ein Preisschild." Auch für diese Abstumpfung zahlen Sie einen Preis und der ist hoch. Wer sich gegen Emotionen abstumpft, die unangenehme Gefühle verursachen, tut dies auch mit den Emotionen, die angenehme Gefühle erzeugen!

Emotionen sind, wie Sie bereits wissen, körperliche Symptome. Es ist nicht möglich, sich gegen die Emotionen zu desensibilisieren, die unangenehme Gefühle erzeugen, die Körpersignale für angenehme Gefühle aber weiterhin ungefiltert wahrzunehmen. Eine Abstumpfung gegenüber Emotionen bedeutet zwangsläufig, dass Sie sich immer weniger freuen und begeistern und immer weniger intensiv lieben können. Ihre emotionale Ausdrucksfähigkeit gegenüber Ihren Nächsten wird immer geringer. Das macht sich auch im Job bemerkbar. Viele Manager jagen zum Beispiel über einen längeren Zeitraum einem ambitionierten Ziel hinterher – und wenn sie es endlich erreicht haben, empfinden sie kaum etwas. Statt sich zu freuen und zu feiern, wenden sie sich direkt dem nächsten Ziel zu, als wäre nichts gewesen. Sie sind sogar stolz darauf, solchen Erfolgen im Leben keine besondere Aufmerksamkeit zu schenken. Man könnte das für Bescheidenheit halten. Der wahre Grund ist aber, dass sie zu intensiver Freude kaum noch in der Lage sind. Sie leiden unter Gefühlstaubheit oder -dumpfheit. Sie haben die Fähigkeit verloren, sich intensiv glücklich zu fühlen. Weil sie dies instinktiv wissen, feiern sie nicht – denn hier würde das Defizit offenbar. Stattdessen lenken sie sich sofort mit einem neuen Ziel ab.

### *Mangel an emotionaler Tiefe geht auf Kosten Ihrer Familie*

Dieser Mangel an emotionalem Ausdruck fällt mit der Zeit vor allem im Privatleben auf, und da sind wir wieder beim Hauptthema dieses Kapitels. Wenn der Mann in der Partnerschaft oder als Familienvater nur noch Pflichten erfüllt, ohne sich emotional einzubringen, werden die Menschen, die er eigentlich liebt, emotional vernachlässigt.

Der Manager verhält sich in seiner Rolle als Vater zwar formal so, wie man es von ihm erwartet – er nimmt sich beispielsweise regelmäßig Zeit für das Spiel mit seinen Kindern –, aber irgendwie will dabei kein echtes Gefühl von inniger Zuneigung und Verbundenheit entstehen. Das eine ist nämlich Ihr äußerlich wahrnehmbares Tun, das andere ist die innere Anteilnahme und Freude, die Sie dabei empfinden und zeigen. Ihrem Partner oder Ihren Kindern entgeht der Unterschied nicht.

Ihrer Psyche fehlt ohne Emotionen eine wichtige Dimension. Wenn Sie lernen, wieder differenziert zu fühlen, wird sie sich wieder entfalten. Die Menschen Ihres privaten Umfelds werden Sie wieder als präsent, als wirklich anwesend, erleben. Sie werden Zuneigung und Wärme ausstrahlen. Mit einem höheren EQ wird deshalb Ihr gesamtes Privatleben emotional reicher. Sie können die Menschen, die Ihnen wichtig sind, besser emotional „nähren" und bringen damit Tiefe in die Beziehung ein.

*Emotionen beherrschen unser Handeln weit mehr, als wir oft wahrhaben wollen. Ein souveräner Umgang mit den eigenen Gefühlen lässt sich lernen und verbessert Ihr Verhältnis zu den Mitarbeitern. Wenn Sie unangenehme Gefühle verdrängen, werden Sie auch taub gegenüber angenehmen Gefühlen: Es wird immer schwerer, sich zu freuen, sich für etwas zu begeistern und zu lieben.*

**30**

**30 MINUTEN**

# 2. Führen ohne EQ hat einen hohen Preis

Warum verfügen viele Manager nicht über eine hohe emotionale Intelligenz, obwohl dies für eine nachhaltige und gute Führungsarbeit unabdingbar ist? Die meisten Führungskräfte sind sich dieses Mangels nicht einmal bewusst.

Insbesondere Männer werden in ihrer Jugend durch das soziale Umfeld selten dazu angehalten, emotionale Fähigkeiten zu entwickeln. Da die meisten Kollegen im Job selbst keinen höheren EQ besitzen, fällt das auch später kaum auf. Wenn Sie selbst Ihre emotionalen Fähigkeiten verbessern wollen, müssen Sie sich in einem ersten Schritt bewusst machen, wie Sie sozialisiert wurden und welche Idealbilder Sie entwickelt haben. Wenn das Zeigen von Gefühlen Ihrem Idealbild von einer souveränen Führungskraft nicht entspricht, wird das die Umsetzung Ihres Vorhabens blockieren. Um dieses Idealbild zu verändern und unbewusste Mechanismen besser verstehen zu lernen, fragen wir im Folgenden, wie die meisten Männer und auch manche Frauen sozialisiert werden und welchen Einfluss das auf ihren EQ hat.

## 2.1 Warum es so viele emotionale Analphabeten gibt

Nicht selten bekommen Manager in 360-Grad-Feedbacks oder der Vorgesetztenbeurteilung attestiert, dass sie zwar gute Ergebnisse ablieferten, aber den zweifelhaften Ruf hätten, zu hart im Führungsstil und damit zu wenig einfühlsam zu sein. Auch Frauen, die es im Management nach oben geschafft haben, erreichen diese Ebene oft nicht aufgrund ihrer besonders hohen emotionalen Intelligenz, sondern eher durch ihre Durchsetzungsfähigkeit und ihren resoluten Führungsstil. Häufig ersteigen Frauen die Karriereleiter in das mittlere und obere Management eben nur, indem sie die männlichen Managerkollegen noch an Ausdauer und Härte übertreffen. Obwohl es im Folgenden vorrangig um die typische Sozialisierung von Männern geht, die heute die Führungsetagen dominieren, lässt sich der Inhalt auf manche Frau und ihr frühkindliches Umfeld sicher ebenfalls übertragen.

### *Jungen werden anders behandelt*

Jungen wie Mädchen durchlaufen beim Erwachsenwerden einen Sozialisierungsprozess, bei dem sie bestimmte gesellschaftliche Normen verinnerlichen. Dazu gehört die Erkenntnis, dass Männer Emotionen wie Angst, Trauer und Hilflosigkeit weniger zeigen als Frauen. Schon kleine Jungen bekommen aus ihrem gesamten Umfeld noch immer Aussagen zu hören wie „Ein Indianer kennt keinen Schmerz", „Sei keine Heulsuse" oder „Jungen weinen nicht". Selbst wenn die Eltern solche Aussagen vermeiden, vermitteln sie durch ihr Verhalten doch oft diese Botschaft. Bei kleinen Mädchen reagieren Eltern nach Aussage von Psychologen auf Ängstlichkeit und Traurigkeit meist mit mehr Zärtlichkeit, als sie dies bei gleichaltrigen Jungen tun. Durch Zuwendung ermutigen sie das Mädchen also dazu, ihre Gefühle auch in Zukunft auszudrücken. Bei starken emotionalen Ausbrüchen eines kleinen Jungen reagieren die Eltern dagegen häufig mit gespielter Verwunderung oder auch offener Ablehnung. Kurzum: Ein weinendes Töchterchen wirkt auf den Vater niedlich und weckt den Beschützerinstinkt. Der weinende Sohn wird dagegen vom gleichen Vater schnell als peinlich empfunden und dementsprechend anders behandelt. Ein Junge lernt so schon in den ersten fünf Jahren, dass er Gefühle wie Trauer, Angst und Hilflosigkeit besser nicht oder zumindest nur in einer abgeschwächten Form zeigt.

### Das Männerbild à la John Wayne

Im Alter von sechs bis 14 Jahren versuchen Jungen zu ergründen, was es heißt, ein Mann zu sein. Daher wenden sie sich in dieser Phase verstärkt dem Vater zu, und die bis dahin dominierende Mutter tritt als maßgebliche Bezugsperson etwas in den Hintergrund. Der Junge will jetzt verstehen, was Mann-Sein bedeutet und wie man sich als Mann verhält. Dabei beobachten die meisten Kinder schnell, dass der Vater niemals vor den Augen anderer weint und auch seine Ängste nicht offen zeigt. Überhaupt behält er seine Gefühle im Allgemeinen eher für sich. Die meisten Väter erlauben sich gerade noch, die Emotion des Ärgers auszuleben. Dieses Gefühl scheint für Männer gesellschaftlich noch am ehesten akzeptiert zu werden. Die „schwachen" Gefühle wie Angst, Trauer und Hilflosigkeit werden dagegen verdrängt oder zum Teil in Ärger umgewandelt.

Wie muss man sich das vorstellen? Ein Beispiel: Ein Vater, der hilflos mit ansehen muss, wie sein Sohn sich um ein Haar schwer verletzt, beschimpft diesen im Anschluss, weil er nicht fähig ist, den Sohn in den Arm zu nehmen und ihm zu sagen, welche Ängste er gerade durchlitten hat. Der Vater nimmt in dieser schrecklichen Situation seine starken Emotionen zwar wahr, verdrängt aber das Gefühl der Angst, weil er damit nicht umgehen kann, und leitet die Emotionen stattdessen in das Gefühl der Wut um. Ein solches Verhalten des Vaters im Alltag beobachtet das Kind genauestens. Es schließt daraus, wie man sich als Mann verhält.

Die allgegenwärtigen Medien bleiben zudem nicht ohne Einfluss. Viele Jungen streben heute ein Männerbild an, das den Rollen des berühmten Schauspielers John Wayne entspricht, der meist raue, heute würde man sagen coole Westernhelden verkörperte, die, ohne Angst zu zeigen, dem Tod ins Auge blicken. Der Preis für die scheinbare Angstlosigkeit ist, dass Wayne in Liebesszenen meist steif und unbeholfen wirkt. Trotzdem eifern diesem Vorbild viele Jungen nach. Überhaupt ist das Männerbild, das durch populäre Filme vermittelt wird, stark verzerrt. In den modernen Blockbustern ist der Mann fast immer ein (einsamer) Held, der niemals „schwache" Gefühle zu haben scheint und immer weiß, was zu tun ist. Die Anzahl starker Männer, die im Film auch einmal weinen, ängstlich oder hilflos wirken, ist sehr gering. Ein Junge lernt also am Beispiel des eigenen Vaters, aus Film und Fernsehen und nicht zuletzt aus dem Internet, dass schwache Emotionen etwas sind, was Männer nicht haben oder wenigstens nicht zeigen.

### Definition über das Nicht-Frau-Sein

Ein weiteres Problem vieler Jungen besteht darin, dass der Vater genau in dieser Zeit zwischen dem sechsten und 14. Lebensjahr häufig abwesend ist. Sei es, weil er beruflich Karriere macht und/oder häufig geschäftlich verreisen muss. Manchmal kommt auch noch ein nervenaufreibender Hausbau dazu, ganz zu schweigen von den Jungen und auch Mädchen, die aufgrund von Trennungen überwiegend bei der Mutter aufwachsen. Das alles führt dazu, dass Jungen ihren Vater zu wenig in Austausch und Spiel erleben können, und wenn, dann ist er oft geistig abwesend, erschöpft oder genervt. Da der Vater weder zeitlich noch emotional wirklich präsent ist, fehlt dem Jungen ein nachahmenswertes männliches Rollenmodell. Daher entwickeln Jungen ihre männliche Identität zum Teil, indem sie unbewusst versuchen, sich von Frauen abzugrenzen, weil diese zweifelsfrei Nicht-Männer sind. Sie lernen also das Mann-Sein, indem sie sich wie eine Nicht-Frau verhalten. Der Psychologe Björn Süfke drückt dies in seinem sehr lesenswerten Buch „Männerseelen" so aus: „Jungen versuchen also nicht, Männer zu sein, sie versuchen, Nicht-Nicht-Männer zu sein."

### *Ein niedriger EQ wird weitergegeben*

Emotional nicht bewusste und nur wenig ausdrucksstarke Väter ziehen mit hoher Wahrscheinlichkeit Söhne auf, die ihren Vätern in ihrer begrenzten emotionalen Ausdrucksfähigkeit später einmal sehr ähneln. Wenn der Vater keine Emotionen zeigen kann, leiden die mit ihm verbundenen Menschen emotionalen Mangel. Dies führt dann nicht selten auf lange Sicht zu Trennungen vom Partner und zu Kindern, die selbst nie gelernt haben, ihren emotionalen Reichtum auszudrücken. Das alleine sollte für Sie, wenn Sie Vater oder Mutter sind, Grund genug sein, an Ihren emotionalen Fähigkeiten zu arbeiten.

Wenn ein Junge aber das Glück hat, dass sein Vater zu den Männern gehört, die ihre Emotionen differenziert wahrnehmen und ihren Kindern gegenüber vielseitig und bewusst ausdrücken können, lernt der Sohn vom Vater, dass ein emotionaler Ausdruck an sich und auch das Zeigen von Gefühlen der Schwäche durchaus zum Mann-Sein dazugehört. Der Vater erleichtert dem

Sohn damit, sich seiner eigenen Gefühle bewusst zu werden und mit diesen auf eine natürliche Art umzugehen.

*Jungen übernehmen den begrenzten emotionalen Ausdruck der Väter und der Helden in Filmen. Weiche und schwache Emotionen werden mit der Zeit als typisch weibliche Persönlichkeitsteile abgespalten.*

## 2.2 Wie Männer ihre Emotionen verdrängen

Wie schaffen es viele Männer, Emotionen nicht als bewusste Gefühle wahrzunehmen? Wie jeder Mensch haben doch auch sie Ängste, sind traurig und fühlen sich verletzt oder hilflos.

### Männer neigen zur Externalisierung
Da Männer das Empfinden von Gefühlen der Schwäche vermeiden wollen, lenken sie sich mit dem Verstand ab. Sie neigen zur Externalisierung, beschäftigen sich also mit dem, was um sie herum stattfindet, und gehen so dem Spüren nach innen aus dem Wege. Diese übermäßige Orientierung nach außen ist den meisten Männern nicht bewusst. Sie lässt sich aber leicht beobachten. Männer reden lieber über die äußerlich wahrnehmbaren Faktoren einer Situation und über Möglichkeiten zu

deren Veränderung als darüber, wie es ihnen dabei geht und was sie fühlen. Sie analysieren, suchen nach Lösungen und Handlungsoptionen.

Sehr deutlich wird das Phänomen der Externalisierung in der privaten Beziehung. Während die Partnerin darüber sprechen möchte, was sie in einer bestimmten Situation empfindet, versucht der Mann die Situation zu analysieren und rationale Lösungen anzubieten. Der Frau geht es aber nicht um Vorschläge zur Optimierung, sondern um einen emotionalen Austausch. Dazu ein Beispiel. Ein Paar trifft sich nach einem Arbeitstag in der gemeinsamen Wohnung. Nehmen wir an, der Chef der Frau hat sich ihr gegenüber an diesem Tag herablassend verhalten. Sie wünscht sich nun, dass ihr Mann sich auf ihre emotionalen Bedürfnisse einstellt und sie tröstet. Er aber geht nicht auf ihre verletzten Gefühle ein, sondern versucht die Situation sachlich im Außen zu analysieren und macht Vorschläge, wie sie reagieren könnte. Dieses gefühlsneutrale Analysieren macht die Frau wütend, denn sie bleibt mit ihrem Bedürfnis nach Verständnis allein. Er wiederum versteht überhaupt nicht, warum sie jetzt so aufgebracht ist. Er meint es doch nur gut und will ihr mit seinen Lösungsvorschlägen helfen. Die Tatsache, dass ein Mann seine eigenen „schwachen" Gefühle abspaltet, führt zwangsläufig dazu, dass er mit den Gefühlen seiner Partnerin auch nicht einfühlsam umgehen kann.

Sprachlich erkennen Sie Externalisierung unter anderem an den „man"-Formulierungen. Der Manager spricht nicht in der „Ich"-Form darüber, was er fühlt, sondern über das, was „man" in einer solchen Situation wohl denkt: „Man hat ja schon seine Erwartungen an Mitarbeiter, und wenn die nicht erfüllt werden, kann es nicht verwundern, wenn man da Konsequenzen zieht." Die entscheidende Frage ist indes, wer denn der „man(n)" ist, der sich wundert und Konsequenzen zieht. Die Wortwahl zeigt, dass jemand nicht mit sich und seinen Emotionen verbunden ist.

### Männer entwickeln Muster, wie sie auf Emotionen reagieren

Im Arbeitsleben ist dieses Vermeiden und Verdrängen von Gefühlen alltäglich. Auf emotionale Situationen reagieren Manager häufig nach einem der folgenden Muster:

- **An den Verstand appellieren:**
  Wird der Manager mit emotionalem Verhalten konfrontiert, sagt er: „Jetzt bleiben Sie doch mal sachlich." Oder: „Ganz ruhig. Lassen Sie uns die Situation doch erst einmal genauer analysieren, dann findet sich schon eine Lösung."
- **Eine sachliche Diskussion beginnen:**
  Wenn jemand etwas mit starken Emotionen äußert, geht der Vorgesetzte nicht auf die offensichtlichen Gefühle ein, sondern konzentriert sich auf den fachlichen Inhalt und beginnt darüber eine Diskussion.

- Das Thema wechseln:
  Nicht wenige Manager wechseln einfach das Thema, wenn es emotional wird: „Sagen Sie mal, haben Sie in der Vertriebssache eigentlich schon Herrn M. erreicht?"
- Schweigen und auf Durchzug schalten:
  Der Manager hört scheinbar zu, beschäftigt sich aber gedanklich mit etwas anderem. Er lässt sich nicht darauf ein.

Alle diese Verhaltensmuster „dienen" letztlich dazu, die eigenen Emotionen und auch die der Mitarbeiter zu verdrängen.

### *Leugnen von extremen Emotionen*

Ich hatte einmal die Aufgabe, mittlere Manager eines Konzerns, der im fünfstelligen Bereich Arbeitsplätze abbaute, über einen längeren Zeitraum zu begleiten. In dem Prozess mussten Manager auch solchen Mitarbeitern kündigen, die schon deutlich über 50 Jahre alt und seit 30 und mehr Jahren im Konzern tätig waren. Regelmäßig gehörten diese älteren Mitarbeiter zu den Besten einer Abteilung, hatten immer sehr gute Leistungen erbracht und sich nie etwas zuschulden kommen lassen. Manche Führungskräfte waren mit betroffenen Mitarbeitern sogar befreundet. Kenntnisse über private Umstände (Kinder, die noch studieren, das Haus nicht abbezahlt und die Chance auf einen neuen Arbeitsplatz fast null) kamen erschwerend hinzu. Bei einem Gruppen-Coaching-Tag war die große Angst der Manager deutlich zu spüren, den zum Teil ahnungslosen Mitarbeitern die schlechte Nachricht zu überbringen. Sie fühlten sich völlig überfordert. Es kam hinzu, dass ein gekündigter Mitarbeiter und Familienvater eines anderen Standortes direkt nach seinem Kündigungsgespräch Selbstmord begangen hatte, indem er vom Firmengebäude sprang. Jeder der Manager kannte diese Tragödie. Was, wenn sich so etwas wiederholen würde?

Die geballte Angst und Hilflosigkeit der Führungskräfte war förmlich greifbar, aber niemand wollte dies offen zeigen, geschweige denn aktiv ansprechen. Einige der Manager hatten Tränen in den Augen, wenn sie darüber sprachen, dass sie ihren treuesten Mitarbeitern in der nächsten Woche kündigen mussten. Erst als ich ihnen sagte, dass das Zeigen von Emotionen völlig in Ordnung sei und sie dies auch den Betroffenen gegenüber ausdrücken dürften, ging ein Aufatmen durch die Reihen. Die Manager konnten einen Teil des Drucks, den sie empfanden, ablassen, indem sie sich öffneten und darüber redeten, wie sie sich fühlten. Das Eingestehen der Gefühle von Angst, Wut und Hilflosigkeit, deren Verdrängung und Rationalisierung die Führungskräfte bis dahin enorm viel Energie gekostet hatte, brachte für alle eine große Erleichterung.

Wir sprachen anschließend darüber und trainierten auch, wie man ein Kündigungsgespräch professionell führen und dabei gleichzeitig Emotionen zulassen und zeigen kann. Nie wieder habe ich erlebt, wie Emotionen so massiv im Raum stehen und alle anwesenden Männer krampfhaft versuchen, sich nichts anmerken zu lassen oder sie zu verdrängen, um von ihnen nicht überwältigt zu werden.

### Emotionen zeigen vermeidet Schaden

Tatsächlich konnten andere Manager des Konzerns, die auf diesen sehr emotionalen Moment der Kündigung eines langjährigen Mitarbeiters nicht vorbereitet waren, damit nicht umgehen. Sie konzentrierten sich zwanghaft auf die Vermittlung der sachlichen Information. Das klang dann manchmal so: „Heinz, du bist gefeuert. Hier steht alles drin." Auf das fassungslose

Schweigen des Mitarbeiters signalisierte der Manager mit einer Geste zur Tür, dass das Gespräch beendet sei. Der gekündigte Mitarbeiter verließ schockiert das Büro und konnte nicht fassen, dass man ihn nach Jahrzehnten der Firmenzugehörigkeit „eiskalt abserviert" hatte. Natürlich erzählte er es allen Kollegen. Das hat das Vertrauensverhältnis der verbleibenden Mitarbeiter zur Führungskraft zerstört. Der Schaden, der in Unternehmen angerichtet wird, weil Manager nicht mit Emotionen umgehen können, ist enorm, nicht nur in solchen Extremsituationen der Führung.

*Männer neigen zum Externalisieren. Statt nach innen zu fühlen, konzentrieren sie sich auf die Außenwelt, analysieren und suchen nach Handlungsoptionen für eine Situation. Wird der Manager in einem Gespräch unvermittelt mit Emotionen konfrontiert, hat er Muster entwickelt, wie er diesen ausweichen kann.*

## 2.3 Welche Konsequenzen eine Abstumpfung für Sie hat

Was passiert, wenn Menschen aufgrund ihrer Erziehung und des dauernden Drucks im Job immer mehr gegen ihre Emotionen abstumpfen?

## Ohne Emotionen werden Manager zu normotischen Persönlichkeiten

Dr. Alon Gratch ist der Meinung, dass viele Männer sich zu „normotischen Persönlichkeiten" (nach Christopher Bollas ist das der Gegensatz zu neurotischen Persönlichkeiten) entwickelt haben. Gemeint sind damit Menschen, die einen übermäßigen Drang haben, normal zu sein. Er umschreibt sie so:

*„Solche Menschen [...] leben, um den objektiven, materiellen Maßstäben der Gesellschaft gerecht zu werden – beispielsweise der Anhäufung von ‚Dingen' wie Wissen, Geld, Freunde, Ehefrauen, Kinder, Autos –, ohne dass dabei die subjektiven Gefühle, Gedanken oder Konflikte erlebt werden, die solchen Errungenschaften oder Beziehungen einen persönlichen Sinn verleihen."*

Bitte beachten Sie besonders den zweiten Teil der Definition. Normotische Persönlichkeiten trifft man im Management häufig an. Natürlich definieren Manager das Wort „normal" entsprechend den Standards ihrer Peergroup. Hier zählen berufliche Höchstleistungen, der Titel auf der Visitenkarte, die dazu passende Anhäufung von Prestigeobjekten (z. B. Flugmeilen, die Größe des Firmenwagens oder des Büros und nicht zuletzt die Lage des Firmenparkplatzes) sowie die Mitgliedschaft in elitären Zirkeln (Golfklub, Platin-Kreditkarte etc.) oft mehr als die eigenen Bedürfnisse. Es geht darum, das Spiel „Mein Haus, mein Auto, mein Boot" zu gewinnen. Dies ist eine unter Managern weitverbreitete Form der Externalisierung. Der eigene Wert wird an Äußerlichkeiten festgemacht. Die teuren Statussymbole werden dabei aber angeschafft, ohne dass dies zu emotionalen Regungen führt. Das Resultat ist: innere Leere bei äußerlichem Überfluss. Es geht mir hier nicht um die Ablehnung von Luxus und einer gehobenen Lebensart. Wenn die schönen Dinge im Leben aber nicht mehr Mittel zum Zweck, sondern Zweck an sich sind, hat die Externalisierung bereits ungesunde Formen angenommen.

### Eine Midlife-Crisis kann folgen

Eine Lebensform, die nur nach außen gerichtet ist, vermittelt langfristig keinen Sinn im Leben, sie bleibt oberflächlich und schal. Die Folge ist dann oft eine spezifische Ausprägung der Midlife-Crisis. Der Mann merkt irgendwann, dass ihm trotz beruflicher und materieller Erfolge etwas fehlt. Da er auch jetzt noch externalisiert, Lösungen also in der Außenwelt sucht, sieht er das Problem natürlich nicht bei sich, sondern bei der Partnerin und/oder den bisherigen Lebensumständen. Der Mann versucht dann, seinem emotional abgestumpften Leben durch eine jüngere Partnerin, eine Geliebte oder ein typisches Männerspielzeug (z. B. Sportwagen) wieder Lebendigkeit und Leidenschaft zu geben. Da diese neuen „Anschaffungen" aber nichts an der grundsätzlichen Gefühlstaubheit und der emotionalen Verflachung ändern, stellt sich schon bald wieder der alte Zustand der

Unzufriedenheit und Langeweile ein, der dann mit neuen „Anschaffungen" und Kicks bekämpft wird. Sicherlich gibt es im Management Menschen, die ein differenziertes Gefühlsleben haben und über eine hohe emotionale Intelligenz verfügen. Es gibt bei den Führungskräften aber auch einen nicht unerheblichen Anteil an normotischen Männern und auch Frauen.

### Das Verdrängen von Emotionen führt zur Desensibilisierung

Langfristig führt die dauerhafte Verdrängung und Unterdrückung von Emotionen auch zur Abstumpfung gegen die eigenen physischen Bedürfnisse. Der Körper signalisiert sein Befinden über die Emotionen. Wer ungesund lebt und die Warnsignale des Körpers dauerhaft ausblendet, wird irgendwann ernsthaft krank. Es ist hinlänglich bekannt, dass viele Manager einen ungesunden Lebensstil pflegen:

- Die meisten Manager bewegen sich zu wenig. Man hat sogar festgestellt, dass erstaunlich viele gar unter Muskelschwund leiden. Diesen rapiden Abbau von Muskelmasse kennt man sonst nur von sehr alten Menschen.
- Viele Manager schlafen zu wenig. Auf Dauer führt systematischer Schlafentzug zu ernsthaften Problemen. Dazu gehören Unruhe, Müdigkeit, eingeschränkte Wahrnehmungsfähigkeit, Vergesslichkeit, Erschöpfung und Kopfschmerzen.

- Manager essen meist zu viel Fastfood und zu wenig Obst und Gemüse. Sie trinken zu wenig Wasser und dafür zu viel Kaffee (Konzentration) und Alkohol (Entspannung). Das natürliche Hunger- und Durstgefühl ist oft gestört.

Menschen mit einem feinen Gespür für ihren Körper merken, was ihnen guttut und was nicht. Sie registrieren die Warnsignale des Körpers frühzeitig und lassen es erst gar nicht bis zum Äußersten kommen. Menschen, die gegen ihre Emotionen abstumpfen, merken die körperlichen Veränderungen dagegen erst, wenn bereits erheblicher Schaden entstanden ist.

### Das Verdrängen von Emotionen erzeugt Krankheiten

Es ist kein Geheimnis mehr, dass das langfristige Unterdrücken und Verdrängen von Emotionen krank macht. Sie erinnern sich, dass eine verdrängte Emotion wie ein luftgefüllter Ball ist, den man unter Wasser drückt, der aber immer wieder an die Oberfläche will. Emotionen verschwinden nicht einfach, sondern sie haben eine Langzeitwirkung auf den Körper. Wer dauernden Druck empfindet, ohne sich dessen bewusst werden zu wollen, bekommt zum Beispiel irgendwann einfach Bluthochdruck und, wenn das nicht alarmiert, einen Herzinfarkt. Wer sich seinen Ängsten nicht stellt und sie damit auflöst, sondern sie immer wieder verdrängt, dessen Körper reagiert langfristig mit Schlaflosigkeit,

Erschöpfung, Verspannungen, Übelkeit, Depression, Kopf-, Nacken-, Schulter- oder Bauchschmerzen. Wer seinen Ärger immer wieder „herunterschluckt", statt diesen wahrzunehmen und konstruktiv zu nutzen, bekommt dann zum Beispiel ein Magengeschwür. Wenn wir die Signale des Körpers als Emotionen nicht wahrnehmen und verstehen wollen, greift er zu stärkeren Mitteln, damit seine Botschaft ankommt. Schmerzen sind also häufig als ein Hilferuf des Körpers oder der Psyche zu verstehen. Ein weiteres Thema, das im Management eine immer größere Rolle spielt, ist das Burnout-Syndrom: die schrittweise Entfremdung von den eigenen Bedürfnissen und ein immer stärkeres zwanghaftes Verhalten.

*Männern fällt es im Unterschied zu Frauen oft schwer, auf ihre Gefühle zu hören und diejenigen ihrer Umgebung wahrzunehmen. Das liegt an der geschlechtsspezifischen Erziehung, bei der Jungen „schwache" Emotionen nicht zugestanden werden, und an dem Mangel an Vorbildern von starken Männern, die Emotionen zeigen können. Das Abstumpfen gegenüber den eigenen Emotionen führt häufig zu normotischen Persönlichkeiten, die unentwegt „Dinge" anhäufen, ohne die normalerweise dazugehörigen positiven Emotionen spüren zu können. Langfristig verdrängte Emotionen können zu Auslösern körperlicher Krankheiten oder des Burnout-Syndroms werden.*

**30**

30 MINUTEN

# 3. Führen Sie sich selbst empathisch

In diesem Kapitel werden Sie lernen, warum Selbstempathie die eigentliche Voraussetzung für emotionale Intelligenz ist. Da in der Wahrnehmung der eigenen Emotionen das größte Entwicklungspotenzial der meisten Führungskräfte liegt, werden wir uns mit den dazugehörenden Fragen etwas ausführlicher beschäftigen. Das Kapitel geht der Frage nach, welchen Einfluss Ihre Selbstempathie auf Ihre Führung hat, wie Sie diese steigern und wie Sie bewusst mit den eigenen Gefühlen umgehen können. Sie werden feststellen, dass jede Verbesserung der Wahrnehmung Ihrer Emotionen als Gefühle eine sehr positive Auswirkung auf Ihr Berufs- und auch Ihr Privatleben hat.

## 3.1 Welche Folgen eine hohe oder niedrige Selbstempathie für Ihre Führung hat

Wer über eine ausgeprägte Selbstempathie verfügt, ist in der Lage, die eigenen Emotionen differenziert wahrzunehmen und bewusst damit umzugehen. Diese Wahrnehmungsfähigkeit ist das Fundament, auf dem Ihre gesamte emotionale Intelligenz aufbaut. Um dies zu verdeutlichen, lassen Sie uns kurz klären, welche Bereiche überhaupt zur emotionalen Intelligenz gehören.

### *Fünf Bereiche der emotionalen Intelligenz*

Die Amerikaner Peter Salovey und John D. Mayer schrieben 1990 einen aufsehenerregenden Artikel, in dem sie ihr Konzept der emotionalen Intelligenz vorstellten. Sie unterteilen die emotionale Intelligenz in fünf Bereiche:

1. Die eigenen Emotionen wahrnehmen.
   Dies ist die Grundlage der emotionalen Intelligenz, denn nur wenn Sie Ihre Emotionen als bewusste Gefühle wahrnehmen können, ist Ihnen der zweite Schritt möglich.
2. Mit den eigenen Emotionen bewusst umgehen.
   Nachdem Sie Ihre Gefühle erkannt haben, können Sie entscheiden, welche davon Sie ausleben und welche Sie kontrollieren wollen.

3. Emotionen nutzen.
   Emotionen lassen sich einsetzen, um sich zu motivieren und Ziele zu erreichen. Wichtig ist dabei neben der Impulskontrolle vor allem, immer wieder das Gefühl von Enthusiasmus entwickeln zu können.
4. Empathie für andere.
   Sie können sich in andere Menschen hineinversetzen und nehmen deren Gefühle wahr.
5. Umgang mit sozialen Beziehungen.
   Durch das Eingehen auf die Emotionen anderer erzeugen Sie positive Energien.

Was passiert nun, wenn eine Führungskraft den ersten Schritt nicht macht, also die eigenen Emotionen nicht wahrnimmt oder verdrängt? Wie Sie bereits wissen, wirken unterdrückte Emotionen im Verborgenen weiter. Die Führungskraft muss viel Energie aufbringen, um diese unter Kontrolle zu halten, was immer weniger gelingt, denn der Druck der verdrängten Gefühle wächst mit der Zeit. Das Abspalten von eigenen Persönlichkeitsanteilen funktioniert auf Dauer nicht.

### Der Schatten unserer Persönlichkeit

Der Psychoanalytiker Carl Gustav Jung hat diesen verdrängten Teil unserer Persönlichkeit als den „Schatten" bezeichnet. Er setzt sich zusammen aus unseren zum Teil verdrängten, zum Teil nur wenig oder gar nicht gelebten psychischen Zügen. Im Laufe unserer Kindheit lernen wir, dass nicht alle Emotionen und Gefühle erwünscht sind und dass es Eigenschaften gibt, die man besser nicht haben sollte. Um akzeptiert und geliebt zu werden, legen wir die „schlechten" Eigenschaften ab oder verbergen sie zumindest – auch vor uns selbst. Irgendwann ist uns dieser Prozess nicht mehr bewusst. Die verdrängten Eigenschaften befinden sich dann im Schatten. Dazu gehören gesellschaftlich abgelehnte Gefühle wie beispielsweise Neid, Eifersucht, Missgunst, Geiz und Habgier. Sie werden in den Schatten verdrängt, weil wir uns diese bei uns selbst nicht eingestehen wollen, auch wenn wir sie ausleben. Wir entwickeln dadurch mit der Zeit das Selbstbild eines Gutmenschen. Im Schatten sammeln sich alle Persönlichkeitsteile, die wir ablehnen, auch wenn diese für unser Leben hilfreich wären. Dazu gehören bei vielen Managern eben auch die verdrängten Gefühle von Angst, Trauer und Hilflosigkeit. Wer diese unliebsamen Persönlichkeitsanteile in den Schatten verbannt, limitiert sich selbst aber auch bei den sehr positiven Eigenschaften wie Einfühlungsvermögen, Wärme und dem Vermögen, Zuneigung geben zu können. Ein vertieftes emotionales Einlassen ist dann nicht mehr möglich. All diese wunderbaren Fähigkeiten werden erst wieder in vollem Umfang verfügbar, wenn man bereit ist, die damit einhergehenden „schwachen" Gefühle als Teil der eigenen Person zu akzeptieren.

### *Projektion nach C. G. Jung*

Ein Mechanismus, der uns dabei hilft, unerwünschte Eigenschaften dauerhaft zu leugnen, ist nach Jung die

„Projektion". Dabei übertragen wir unsere eigenen verdrängten Gefühle, Eigenschaften oder Wünsche auf andere Menschen, um uns dann diesen gegenüber ablehnend oder sogar bestrafend verhalten zu können.

Ein Beispiel: Nehmen wir an, ein Manager hat seine Ängste in seinen Schatten verbannt, weil dies nicht zu seinem Selbstbild als Mann und „Macher-Typ" passt und er Angstgefühle als unmännlich verurteilt. Diese Person wird nun genau diese verdrängten Gefühle an anderen übertrieben stark wahrnehmen und verurteilen. Gerade in Zeiten des Wandels haben Mitarbeiter aber z. B. oft Ängste, wie sich der Arbeitsplatz entwickeln wird und ob sie den Veränderungen gewachsen sein werden. Eine gute Führungskraft sollte mit diesen Ängsten umgehen können und froh sein, wenn die Mitarbeiter diese von sich aus ansprechen, denn das ist eine gute Chance, Vertrauen zu erhalten und damit den Wandel voranzubringen. Wer aber als Manager seine eigenen Ängste in den Schatten verdrängt, kann nicht sensibel auf Ängste von Mitarbeitern eingehen. Er wird diejenigen, die Ängste zeigen oder äußern, nicht emotional abholen können, sondern sie in der Diskussion vielleicht sogar als „Bedenkenträger", „Beamte" oder „ewig Gestrige" beschimpfen. Damit verschlimmert er aber eine sowieso schon angespannte Situation. Die daraufhin entstehende schlechte Stimmung wird er nicht sich selbst, sondern den Mitarbeitern zuschreiben. Seinen eigenen Anteil kann er nicht sehen. Er ist blind für seinen Schatten. Dass er als Führungskraft mit

Fingerspitzengefühl die Ängste der Mitarbeiter von sich aus anspricht, wird damit undenkbar.

### *Ihren Schatten erkennen Sie an den Umständen, die Sie besonders ärgern*

Ihr Schatten hat also über die Projektion der verdrängten Eigenschaften auf andere und die übertriebene Ablehnung dieser Eigenschaften einen direkten Einfluss auf Ihr Führungsverhalten. Woran erkennen Sie nun, was sich in Ihrem Schatten befindet? Dies ist leider nicht so einfach, denn der größte Teil unseres Schattens liegt im Unbewussten und ist Ihrem Verstand damit nicht ohne Weiteres zugänglich. Er ist ein blinder Fleck. Aber es gibt ein Erkennungszeichen: Immer dann, wenn Sie sich über irgendetwas furchtbar aufregen, könnte Ihr Schatten im Spiel sein. Der Ärger und die Wut sind der Tatsache geschuldet, dass wir bei einem anderen bekämpfen, was wir uns selbst nicht zugestehen. Wer beispielsweise hart zu sich selbst ist, erwartet dies auch von den Mitarbeitern und ärgert sich unverhältnismäßig stark, wenn diese ihren Bedürfnissen nachgehen und nicht hart zu sich selbst sind. Überlegen Sie doch einmal: Über welches Verhalten anderer regen Sie sich regelmäßig besonders auf? Tun diese Menschen vielleicht etwas, was Sie sich insgeheim auch gerne mal gönnen würden?

### *Den eigenen Schatten integrieren*

Um eine gute Führungskraft zu sein, deren natürlicher

Autorität die Menschen folgen, müssen Sie über die Fähigkeit zur Selbstreflexion verfügen. Es geht vor allem ab dem 40. Lebensjahr darum, die Anteile, die man über Jahrzehnte in den Schatten gedrängt hat, wieder ans Tageslicht zu holen und sich ihrer bewusst zu werden.

Wer seine eigenen Abgründe, Ängste und unschönen Triebe einmal erblickt und akzeptiert hat, bleibt demütig und wird andere nicht so schnell verurteilen oder nach Äußerlichkeiten bemessen. Wer sie dagegen dauerhaft verdrängt, wirkt nicht authentisch und hat oft ein übersteigertes Ego. Jung nennt diesen Prozess des menschlichen Wachstums Individuation, in deren Verlauf man sich seines wahren Selbst bewusst wird. Dazu gehört auch, in den Schatten zu blicken und dorthin verdrängte Anteile in die eigene Persönlichkeit zu integrieren.

*Wenn Sie nicht gewollte Gefühle und Eigenschaften in den Schatten verdrängen, zahlen nicht nur Sie selbst, sondern auch Ihre Mitarbeiter einen erheblichen Preis dafür. Die in den Schatten verbannten emotionalen Anteile Ihrer Persönlichkeit projizieren Sie auf Ihre Mitarbeiter, um dann übertrieben abwertend auf diese zu reagieren.*

## 3.2 Wie Sie Ihre Emotionen bewusster wahrnehmen

Um sich mit den eigenen Emotionen auseinanderzusetzen, insbesondere den schwachen und hilfsbedürftigen Anteilen, braucht man Mut. Die bewusste Auseinandersetzung mit den eigenen schwachen und manchmal auch unschönen Seiten kann Verdruss auslösen, und es ist sehr hilfreich, als Gegengewicht auch eine Idee von den starken und schönen Seiten der eigenen Persönlichkeit zu haben. Wer hier nicht viel entgegenzusetzen hat, ist mehr oder weniger schon aus Selbstschutz gezwungen, die schwachen Seiten auch weiterhin zu verleugnen. Sehen Sie es also als ein Zeichen von Stärke und zunehmender Reife, wenn Sie sich mit bisher verdrängten Gefühlen beschäftigen wollen.

Wie schaffen Sie es nun, sich Ihrer schwachen Seiten bewusst zu werden? Indem Sie langsam und in kleinen Schritten lernen, Ihre Emotionen wieder zu spüren. Bei sehr starken Emotionen können wir nicht anders, als diese wahrzunehmen. Sie überfluten uns manchmal geradezu, wie dies zum Beispiel bei Wut- oder Panikattacken sowie großer Scham der Fall ist. Wenn einem das Herz bis zum Hals schlägt, das Gesicht feuerrot anläuft und wir sehr stark schwitzen, lässt sich das nicht mehr ignorieren. Bei schwächer ausgeprägten Emotionen ist dagegen eine gewisse Sensibilität nötig, um diese überhaupt spüren und sie dann auch noch dem passenden Gefühl zuordnen zu können. Hier fängt das Problem vieler Führungskräfte an, denen es schwerfällt, überhaupt etwas zu fühlen. Die Sensibilität für die eigene Gefühlswelt lässt sich in vier Grade einteilen. Überlegen Sie einmal, wo Sie sich dabei selbst einordnen würden.

## *Es gibt vier Grade der Wahrnehmungsfähigkeit für eigene Emotionen*

Wie nehmen Sie Ihre Emotionen wahr?

1. Sie merken nichts.
2. Sie nehmen eine Emotion wahr, können diese aber nicht einordnen. Es gelingt Ihnen nicht, das diffuse Empfinden der Körpersignale in ein bewusstes Gefühl zu übersetzen.

3. Sie können Emotionen einem der sechs Basisgefühle Freude, Trauer, Ärger, Angst, Überraschung oder Ekel zuordnen.
4. Sie erleben Ihre Emotionen bewusst und können die dazugehörigen Gefühle differenziert in Worte fassen.

Die meisten Führungskräfte erreichen maximal die dritte Stufe. Viele kommen sogar nur bis zur Stufe zwei. Sie verdrängen ihre Emotionen als körperliche Signale einfach oder nehmen diese nur diffus wahr. Sie fühlen sich dann beispielsweise „komisch" oder „unwohl", ohne dies weiter begründen zu können. Selbst wenn ein Manager auf der Stufe 3 ein etwas konkreteres unangenehmes Gefühl wahrnimmt, beschreibt er es oft mit den beiden Basisgefühlen „ärgerlich" oder „traurig", weil ihm eine weitere Differenzierung nicht möglich ist. Wenn er also beispielsweise im privaten Umfeld sagt, er sei traurig, fühlt er sich vielleicht tatsächlich ausgelaugt, beschämt, deprimiert, einsam, enttäuscht, frustriert, verletzt oder verzweifelt. Aber egal welcher Zustand genau zutrifft, die Person antwortet auf die Frage: „Wie fühlst du dich?" immer mit: „Ich bin traurig." Weiter als bis zu diesem Basisgefühl kann die Person ihre Emotion nicht differenzieren.

## *Nutzen Sie zwei Kriterien zur Bestimmung Ihrer Emotionen*

Was können Sie nun tun, wenn Sie Ihre Emotionen gar nicht oder nur sehr diffus wahrnehmen? Um die Emotionen besser einordnen zu können, ist es sinnvoll, sich folgende zwei Fragen zu stellen:

1. Fühle ich mich eher gut oder schlecht?
2. Fühle ich in mir viel oder wenig Energie?

Diese beiden Unterscheidungen können Sie immer treffen. Wenn Sie viel Energie haben, es sich aber nicht gut anfühlt, könnte das zum Beispiel Ärger oder Wut über etwas sein. Wenn Sie wenig Energie haben und es sich eher schlecht anfühlt, deutet das zum Beispiel auf Angst oder Trauer hin. Die Unterteilung nach den beiden Kriterien hilft Ihnen, sich Ihren Emotionen zu nähern.

Wenn Sie lernen wollen, die eigenen Emotionen differenzierter wahrzunehmen, so ist das kein Sprint, sondern ein Marathonlauf. Wenn Sie sich über Jahrzehnte darin trainiert haben, Ihre Gefühle zu verdrängen, können Sie diesen sehr starken Mechanismus nicht durch eine Verstandesentscheidung innerhalb kurzer Zeit außer Kraft setzen. Selbst wenn Sie wieder mehr fühlen wollen, passiert erst einmal nichts. Beginnen Sie deshalb langsam mit der Unterteilung nach den beiden eben genannten Kriterien „viel/wenig Energie" und „es fühlt sich eher gut/schlecht an".

### Benennen Sie Gefühle differenziert

Wer in der Fähigkeit zur Wahrnehmung der eigenen Emotionen bereits die dritte Stufe erreicht hat, kann sich vornehmen, seine Gefühle noch differenzierter wahrzunehmen und auszudrücken. Dazu finden Sie hier eine Liste mit einer Auswahl angenehmer und unangenehter Gefühle, die Ihnen dafür Anregungen geben kann. Überlegen Sie einmal: Welche dieser Begriffe benutzen Sie regelmäßig neben den sechs Basisgefühlen?

**Angenehme Gefühle:**
angeregt, aufgeregt, ausgeglichen, befreit, berührt, beschwingt, dankbar, eifrig, ekstatisch, energetisiert, energisch, enthusiastisch, entschlossen, entspannt, erfreut, erfrischt, ergriffen, erleichtert, ermutigt, erstaunt, friedlich, fröhlich, gebannt, gelassen, gemütlich, gerührt, gesammelt, glücklich, herzlich, hoffnungsvoll, interessiert, leicht, lebendig, lustig, motiviert, mutig, neugierig, optimistisch, ruhig, selbstsicher, sicher, stolz, überwältigt, überrascht, verliebt, vertrauensvoll, wach, warmherzig, zärtlich, zufrieden, zuversichtlich.

**Unangenehme Gefühle:**
abgeschnitten, ängstlich, ärgerlich, angeekelt, ausgelaugt, bedrückt, beschämt, beunruhigt, besorgt, bestürzt, deprimiert, dumpf, eifersüchtig, einsam, entmutigt, enttäuscht, entrüstet, erschrocken, faul, frustriert, gehemmt, gelangweilt, feindselig, hilflos, irritiert, kalt, miserabel, misstrauisch, müde, nervös, niedergeschlagen, ruhelos, traurig, sauer, schüchtern, schockiert, schuldig, schwer, sorgenvoll, streitlustig, tot, überwältigt, unglücklich, unter Druck, ungeduldig, unzufrieden, verbittert, verklemmt, verletzlich, verspannt, verzweifelt, widerwillig, wütend, zögerlich.

Versuchen Sie, Ihre Wahrnehmung und den sprachlichen Ausdruck Ihrer Gefühle gleichermaßen zu schärfen. Je genauer Sie Ihre Gefühle benennen können, desto leichter fällt Ihnen auch der Umgang damit.

### *Seien Sie wohlwollend mit sich selbst*

Viele Menschen fühlen erst einmal fast nichts, wenn sie nach Jahrzehnten zum ersten Mal wieder ganz bewusst nach innen schauen und versuchen, zu spüren, was der Körper mit seinen Emotionen ihnen signalisieren will. Manche sind dann enttäuscht oder auch verärgert. Das ist verständlich. Sollte es Ihnen genauso gehen, empfehle ich Ihnen, sich Zeit zu lassen und nachsichtig mit sich selbst zu sein. Zum Entdecken der eigenen Emotionen ist eine gelassene, wohlwollende Haltung sich selbst gegenüber sehr hilfreich. Machen Sie sich keinen Ergebnisdruck. Geben Sie Ihren Gefühlen Raum, sich zu zeigen, aber erwarten Sie nicht, dass diese sofort vor Ihnen strammstehen.

Wer das Fühlen von Emotionen wieder lernen will, sollte sich selbst zuerst einmal in einen ruhigen Zustand versetzen. Suchen Sie sich also ein Umfeld, das Sie zur Ruhe kommen lässt. Das kann beim Spazierengehen in der Natur, in einem ruhigen Café oder eine gemütliche Ecke in Ihrer Wohnung sein. Entspannen Sie sich und atmen Sie tief und langsam. Wenn Sie sich merklich beruhigt haben, spüren Sie nach innen und seien Sie dabei wohlwollend und geduldig. Emotionen wiederzuentdecken, braucht Zeit. Schwimmen und Fahrradfahren konnten Sie auch nicht beim ersten Versuch. Ihr Verstand beginnt jetzt vielleicht, Sie abzulenken, indem er Ihnen Bilder, Gedanken oder Ideen einspielt, die Ihre Aufmerksamkeit auf sich ziehen. Aber auch dafür gibt es eine Lösung.

### Sie sind mehr als Ihr Verstand

Vielleicht hilft es Ihnen in dieser Situation, wenn Sie sich klarmachen, dass Sie einen Verstand haben, aber nicht Ihr Verstand sind. Der Mensch ist eine Einheit aus Physis (Körper) und Psyche (Geist), wobei die Psyche bei C. G. Jung die Gesamtheit aus Intuition, Fühlen, Empfinden (angenehm/unangenehm) und Denken umfasst. Der denkende Verstand ist also nur ein Teil Ihrer Persönlichkeit, nämlich ein Instrument, das Sie einsetzen können, um zum Beispiel Probleme zu lösen. Sie können lernen, ihn in die Schranken zu weisen. Versuchen Sie einmal, sich beim Denken selbst zuzuhören. Was denkt Ihr Verstand so? Wenn Sie sich einmal bewusst sind, dass Sie wesentlich mehr sind als Ihr Verstand, werden Sie ihm weniger Macht geben.

Merken Sie, wie der Verstand Sie manchmal ablenkt, sobald Sie versuchen, sich auf Ihre Gefühle zu konzentrieren? Es ist schwierig, ganz im Hier und Jetzt zu sein und den eigenen Körper mit seinen Emotionen zu spüren, wenn der Verstand in Gedanken den Tag Revue passieren lässt und schon mal die To-do-Liste für morgen schreibt. Wie Sie wissen, hat der Verstand nur begrenzt etwas zu entscheiden, aber sein dauerndes Geplapper macht es vielen Menschen schwer, nach innen zu fühlen und sich der eigenen Emotionen bewusst zu werden. Deswegen ist es wichtig, sich einen ruhigen Ort zu suchen, um dem Verstand damit weniger Anreize von außen zu bieten.

### Körpersignale verstehen

Eine weitere Möglichkeit zur besseren Wahrnehmung Ihrer Emotionen ist es, in den Momenten besonders starker Gefühle nachzuspüren, wo in Ihrem Körper Sie diese lokalisieren können. Wenn Sie also das nächste Mal besonders verärgert, traurig oder erfreut sind, halten Sie für einen Moment inne und fühlen Sie einmal nach, was Sie spüren können. Nehmen wir an, Sie ärgern sich über etwas. Beim Nachspüren merken Sie, dass Sie Ihre Bauchmuskeln anspannen und flach in die Brust atmen. Wenn Ihnen sonst nichts Weiteres auffällt, ist diese Emotion nun Ihr Indikator für Ärger. Vielleicht stellen Sie aber auch eine Kombination von mehreren körperlichen Symptomen fest, die Ihnen ein Gefühl anzeigen. Achten Sie einmal darauf, wann Sie diese Körperreaktionen noch an sich bemerken. Sie zeigen Ihnen unter Umständen Verärgerung an, die vom limbischen System ausgelöst wurde, Ihnen aber als Gefühl noch gar nicht bewusst geworden ist. Mit der Zeit werden Sie immer mehr Signale entdecken und feinfühliger werden. Bei traumatischen Kindheitserlebnissen wie zum Beispiel Gefühlskälte der Eltern oder einer Scheidung kann es sein, dass Ihnen dies nicht gelingt. In diesem Fall empfiehlt sich Hilfe von außen in Form einer Therapie.

### Reden Sie nicht von Gefühlen, wenn Sie Gedanken meinen

Es gibt eine Eigenart, der sehr viele Menschen unterliegen. Marshall B. Rosenberg, der das Konzept der „gewaltfreien Kommunikation" entwickelt hat, weist in seinem sehr guten Buch mit dem gleichlautenden Titel auf dieses Phänomen hin. Viele Menschen sprechen zwar von einem „Gefühl", meinen aber tatsächlich etwas, das sie denken. Das sollten Sie zu unterscheiden lernen. Ein paar Beispiele:

1. Ich habe das Gefühl, er nutzt meine Gutmütigkeit aus.
2. Ich habe das Gefühl, er will mich auf den Arm nehmen.
3. Ich habe das Gefühl, du solltest dich beeilen.
4. Ich fühle mich wie ein Idiot.
5. Ich fühle mich nicht ernst genommen.

Diese Beispiele beschreiben keine Gefühlsäußerungen, sondern sagen aus, was jemand denkt oder wie eine Person etwas beurteilt. Lassen Sie uns drei Aussagen zum besseren Verständnis etwas näher ansehen. Im ersten Beispiel denkt eine Person, dass eine andere Person ihre Gutmütigkeit ausnutzt. Dies ist eine Beurteilung und kein Gefühl. Aufgrund der Einschätzung, ausgenutzt zu werden, wird sie sich wahrscheinlich tatsächlich bestürzt, enttäuscht, traurig, unglücklich, verbittert oder wütend fühlen. Aber über diese tatsächlichen Gefühle sagt die Person in ihrem Satz nichts aus. Auch der Satz „Ich habe das Gefühl, du solltest dich beeilen" ist eine Beurteilung, die Äußerung eines Gedankengangs. Vielleicht sagt die Person dies sogar, ohne dabei überhaupt ein echtes Gefühl zu haben. Vielleicht fühlt sie sich aber auch hektisch, ungeduldig oder verärgert. Im vierten Fall glaubt eine Person, einen Fehler begangen zu haben. Es ist aber nicht möglich, sich „wie ein Idiot" zu fühlen. Wie genau fühlen sich denn Idioten? Ein tatsächliches Gefühl in dieser Situation wäre vielleicht, sich beschämt, entmutigt, frustriert, schuldig oder verzweifelt zu fühlen. Achten Sie darauf, dass Sie nicht von Gefühlen sprechen, wenn Sie tatsächlich etwas denken oder beurteilen.

*Nehmen Sie sich immer wieder Zeit, nach innen zu spüren und Ihre Gefühle wahrzunehmen. Wenn Ihr Verstand Sie dabei ablenkt, machen Sie sich klar, dass er ein Instrument ist, das Sie führen können.*

## 3.3 Wie Sie mit Ihren Emotionen richtig umgehen

Sie wissen nun, dass es wichtig ist, auch die eher unangenehmen Gefühle wie Angst, Ärger oder Trauer wahrzunehmen und zuzulassen. Der nächste Schritt besteht darin, diese Gefühle auszuhalten, sie bewusst zu akzeptieren und sie nicht zu bewerten. Wir neigen dazu, angenehme Gefühle als „gut" und unangenehme als „schlecht" zu kategorisieren. Dies ist aber nicht sinnvoll, denn unangenehme Gefühle haben ja auch eine wichtige Funktion. Die Angst warnt uns, Ärger gibt uns Energie zum Handeln und Trauer hilft uns, etwas gehen zu lassen und neu zu beginnen. Deshalb gibt es zwar angenehme und unangenehme, aber keine guten und schlechten Gefühle.

## *Gefühle nicht bewerten*

Gehen Sie bei sich unangenehm anfühlenden Emotionen also in den folgenden drei Schritten vor:

1. Spüren Sie nach innen und nehmen Sie Ihre Emotionen bewusst als Gefühle wahr.
2. Akzeptieren Sie das wahrgenommene Gefühl, ohne es als gut oder schlecht zu bewerten.
3. Fragen Sie sich: Was will mir dieses Gefühl sagen?

Nun gibt es für die Beantwortung dieser letzten Frage zwei Möglichkeiten. Ihnen wird ein nachvollziehbarer Grund für die Entstehung des Gefühls bewusst. Dann hat Ihnen das Gefühl geholfen, weil es Sie auf etwas hingewiesen hat, das sich vielleicht als wichtig herausstellt und das vorher nur in Ihrem Unbewussten verfügbar war. Es kann aber auch sein, dass Sie keinen Grund für das Gefühl erkennen können. Dann akzeptieren Sie es trotzdem. Manchmal stellt sich die Begründung erst später ein. Allein das Wahrnehmen und Akzeptieren von unangenehmen Gefühlen hat aber oft schon eine positive Wirkung. Der Druck, den das unangenehme Gefühl erzeugt, wird durch die Akzeptanz in den meisten Fällen reduziert.

## *Achtsamkeit gegenüber Gefühlen*

Ein Beispiel: Nehmen wir an, eine Führungskraft bemerkt bei sich über Wochen hinweg eine ungewöhnliche Niedergeschlagenheit und unproduktive Hektik.

Sie nimmt sich deshalb in einem ruhigen Moment etwas Zeit und spürt nach innen. Dabei erkennt sie, dass sie wenig Energie hat und sich eher schlecht als gut fühlt. Außerdem wird ihr bewusst, dass ihre Atmung flach, die Schulterpartie nach oben gezogen und der Nacken verspannt ist. Sie weiß, dass diese Körperreaktionen bei ihr ein Zeichen von Angst sind. Auf die Frage, was die Angst ihr sagen will, fallen ihr spontan Bilder ein, die mit Versagen zu tun haben. Die Führungskraft steht schon seit Langem unter dauerndem Leistungsdruck und realisiert jetzt zum ersten Mal bewusst, dass sie Angst hat, dem Job nicht mehr gewachsen zu sein. Die Führungskraft überlegt sich nun, ob das Gefühl sich rational begründen lässt. Vielleicht ist sie tatsächlich schon länger überfordert und hat die ersten Stufen eines Burnouts bereits durchlaufen. Dann wird es Zeit, diese Tatsachen zu sehen und damit einer weiteren Verschlechterung der Situation rechtzeitig entgegenzuwirken. Manchmal können Gefühle aber auch unbegründet sein, denn sie funktionieren ja nicht nach einer rationalen Logik. Dies wäre der Fall, wenn die Führungskraft keinen ersichtlichen Grund für ihre Versagensängste hat. Was kann sie dann tun? Sie kann die Angst als gegeben akzeptieren und so stehen lassen. Wenn die Führungskraft der Versagensangst ins Gesicht schaut und weiß, dass sie unbegründet ist, verliert sie wahrscheinlich bereits dadurch einen Teil ihrer Bedrohlichkeit und ihrer unangenehmen Wirkung. Außerdem achtet sie jetzt darauf, Schultern und Nacken zu entspannen und tiefer zu atmen. Damit hat die Angst keine Langzeitwirkung mehr auf ihren Körper. Die über Wochen empfundene Niedergeschlagenheit verfliegt und die alte besonnene Vorgehensweise kehrt zurück.

### Ein Chef mit Selbstempathie führt besser

Ein zweites Beispiel: Eine Führungskraft hat schlechte Laune, ohne wirklich zu wissen, woher diese kommt. Bei einem Meeting reagiert sie auf die Redebeiträge der Mitarbeiter kurz angebunden und tendenziell genervt. Als ihr dies bewusst wird, nimmt sie sich anschließend Zeit, nach innen zu spüren, um den Grund für die schlechte Laune zu finden. Sie wird sich recht schnell bewusst, dass sie verärgert ist, aber auch ein schlechtes Gewissen hat. Eine unangenehme Sache von vor drei Tagen fällt ihr wieder ein. Einer der besten Mitarbeiter hatte sein 20-jähriges Jubiläum im Unternehmen. Die Führungskraft wollte eigentlich eine kurze Rede halten, hatte aber den Termin für die kleine Feier im allgemeinen Stress vergessen und war viel zu spät und ohne ein Geschenk erschienen. Daraufhin hatte die Führungskraft ihre Sekretärin im unfreundlichen Ton dafür gerügt, dass sie ihn nicht noch einmal daran erinnert hatte. Dabei hatte die Sekretärin sehr wohl in der Woche vor dem Jubiläum darauf hingewiesen. Sie hatte sogar angeboten, ein Geschenk zu besorgen. Das hatte die Führungskraft aber mit der Begründung abgelehnt, sich selbst darum kümmern zu wollen. Er wird sich klar darüber, dass das Malheur allein sein Fehler war. Er nimmt sich vor, sich bei der Sekretärin für seinen rüden Ton und den unberechtigten Vorwurf zu entschuldigen und für den Jubilar heute noch etwas Besonderes zu organisieren. Seine schlechte Laune ist jetzt verflogen und Tatendrang gewichen.

Diese beiden Beispiele zeigen, dass das Wahrnehmen und Annehmen von diffusen unangenehmen Gefühlen diese auch auflösen können. Da uns die Gefühle Hinweise auf etwas geben, das wir noch nicht bewusst wissen, hilft uns das Wahrnehmen und Hinterfragen von Gefühlen auch dabei, bessere Entscheidungen zu treffen.

*Übernehmen Sie die Regie Ihres Verstandes und räumen Sie Ihrer Intuition mehr Raum ein, auch in der Beurteilung der Emotionen anderer. Nehmen Sie Ihre Gefühle wahr und akzeptieren Sie diese, ohne sie als gut oder schlecht zu bewerten. Jedes Gefühl hat seine Berechtigung. Unangenehme Gefühle können uns wichtige Hinweise geben.*

**30**

**30 MINUTEN**

Wie entwickeln Sie Ihre Intuition?

Wie nehmen Sie die Emotionen
Ihrer Mitarbeiter bewusster wahr?

Wie gehen Sie mit den Emotionen
Ihrer Mitarbeiter richtig um?

# 4. Führen Sie Ihre Mitarbeiter empathisch

In diesem Kapitel geht es darum, wie Sie Ihren Mitarbeitern gegenüber empathischer, also einfühlsamer werden. Den meisten Führungskräften fehlt es nicht so sehr an einer bestimmten Technik als vielmehr an der richtigen Einstellung. Ob Sie empathisch sind, hängt zum größten Teil davon ab, ob Sie es sein wollen. Und wenn Sie sich tatsächlich für das Wohlergehen Ihrer Mitarbeiter interessieren, werden diese das mit der Zeit auch genauso wahrnehmen und schätzen. Wer dagegen bloß hofft, eine schnelle „Empathie-Technik" zu erlernen, damit ihn die Mitarbeiter für einen guten Chef halten, wird enttäuscht werden. Es sind Ihre grundsätzliche Haltung, Ihr Interesse für und Ihre Sichtweise auf die Menschen, die darüber entscheiden, ob Sie eine empathische Führungskraft sind. Was Sie als Mindset benötigen und wie Sie grundsätzlich handeln sollten, beschreibt dieses Kapitel.

# 4.1 Wie Sie Ihre Intuition entwickeln

Im letzten Kapitel haben wir uns damit beschäftigt, dass es vielen Führungskräften schwerfällt, ihre Emotionen als Gefühle wahrzunehmen und damit bewusst umzugehen. Dies wirkt sich negativ auf ihre Authentizität und ihre Qualität als Führungskraft aus. Um das zu ändern, müssen viele Manager ihr Misstrauen gegenüber Gefühlen überwinden und verstehen, dass nur eine Kombination aus Verstand und Gefühlen langfristig erfolgreich macht. Wenn Sie Emotionen zulassen, werden Sie aber nicht nur als Persönlichkeit authentischer, Sie verbessern mit der Zeit auch noch etwas anderes, was Sie weiterbringen kann, nämlich Ihre Intuition. Diese wird Ihnen in vielen Führungssituationen helfen, bessere Entscheidungen zu treffen.

## *Ihre Intuition hilft Ihnen, bessere Entscheidungen zu treffen*

Der unbewusste Teil Ihres limbischen Systems hat unglaubliche Kapazitäten. Er kann mindestens 25.000-mal mehr Informationen verarbeiten als Ihr bewusstes Denken. Ein leicht nachvollziehbares Beispiel für diese Tatsache ist der Cocktailparty-Effekt. Sicherlich kennen Sie das Phänomen, dass Sie auf einer Feier mit zwei anderen Personen in ein interessantes Gespräch verwickelt sind, dem Sie Ihre ganze Aufmerksamkeit schenken. Trotzdem bekommen Sie plötzlich mit, dass in einer etwas abseits stehenden Gruppe soeben Ihr Name gefallen ist, obwohl Sie dort nicht bewusst zugehört haben. Wie ist das möglich? Die Antwort ist, dass Ihr Unbewusstes wesentlich mehr aufnehmen und verarbeiten kann als Ihr Bewusstsein. Aber nur die wichtigsten Informationen werden an das Bewusstsein durchgestellt.

Viele Neurowissenschaftler empfehlen, bei komplexen Entscheidungen zunächst mit dem Verstand möglichst viele Informationen zu sammeln und zu analysieren, dann mindestens eine Nacht „darüber zu schlafen" und anschließend nach dem Gefühl zu entscheiden. Rationale Analyse und Intuition ersetzen einander nicht, sondern beide zusammen führen zu guten Entscheidungen. Der Verstand trifft auf sich allein gestellt aufgrund seiner begrenzten Verarbeitungskapazitäten mit zunehmender Komplexität des zu lösenden Problems häufig falsche Entscheidungen. Das Unbewusste kann dagegen auch eine sehr komplexe Datenmenge problemlos verarbeiten.

## Ihre Intuition lässt Sie Körpersprache besser lesen

Ihr Unbewusstes, zu dem der größere Teil des limbischen Systems gehört, kann aber nicht nur vieles auf einmal verarbeiten, es bemerkt auch sehr feine Details. Dazu gehören die Mikrosignale, die Menschen über Mimik und Gestik aussenden. Sicherlich hat Sie schon einmal jemand in einer Weise angelächelt, die Sie als aufgesetzt empfanden. Die empfangenen Mikrosignale standen im Widerspruch zum Lächeln. Bei tatsächlicher Freude ist eben nicht nur der Mund beteiligt. Ein überzeugendes Gesamtbild entsteht durch das Zusammenspiel vieler Mikrosignale, die wir nicht alle auf Knopfdruck simulieren können: Gesendet werden diese Signale z. B. über Gesichtsfalten, Lidabstand, Pupillengröße, Glanz der Augen, Stellung der Augenbrauen und Mundwinkel, Blickrichtung sowie minimale Zuckungen oder Zittern. All das nehmen wir nicht bewusst wahr, aber im Unbewussten kommen die Botschaften durchaus an. Daraus entsteht dann zum Beispiel der Eindruck, dass uns jemand anlügt. Wir können nicht erklären, woran wir das festmachen, weil wir die Mikrosignale nicht bewusst wahrnehmen und deshalb auch nicht sprachlich ausdrücken können, aber wir sind uns recht sicher, dass es so ist.

Sie sehen also, dass Ihnen Ihre Intuition, gepaart mit dem Verstand, in vielen Situationen helfen kann, gute Entscheidungen zu treffen und Körpersprache richtig zu bewerten. Leider arbeiten viele Manager ausschließlich mit ihrem Verstand und schenken ihrer Intuition nahezu keine Beachtung mehr, sodass diese mit der Zeit verkümmert und die Signale des Unbewussten kaum noch empfangen werden. Diese Intuition gilt es wieder zu stärken, denn sie hilft Ihnen auch entscheidend dabei, die Emotionen und Gefühle Ihrer Mitarbeiter besser zu verstehen und gut damit umzugehen.

*Manager benötigen als Voraussetzung für gute Entscheidungen eine Mischung aus Analyse mit dem Verstand und Intuition, die sich trainieren lässt. Intuition hilft Ihnen auch, die Emotionen von Mitarbeitern besser einzuordnen.*

**30**

## 4.2 Wie Sie die Emotionen Ihrer Mitarbeiter bewusster wahrnehmen

In diesem Abschnitt beschäftigen wir uns mit den drei Voraussetzungen, die gegeben sein sollten, wenn Sie die Emotionen und Gefühle Ihrer Mitarbeiter besser wahrnehmen wollen. Es geht dabei weniger um eine detaillierte Vorgehensweise oder zu erlernende Technik als vielmehr um eine grundsätzliche Einstellung, die Sie dafür benötigen.

### Trainieren Sie Ihre bewusste und intuitive Körpersprachwahrnehmung

Ein erster Schritt, um die Emotionen anderer Menschen besser verstehen zu können, ist die Beschäftigung mit dem Thema Körpersprache. Ich empfehle dazu z. B. den reich bebilderten Bestseller „Körpersprache" von Monika Matschnig. Ein solches Buch schult Ihren Verstand in der Deutung von Körpersignalen. Während der Mund das spricht, was der Verstand denkt, zeigt der Körper an, was jemand dabei tatsächlich fühlt. Wenn wir versuchen, uns zu verstellen, gelingt uns das meistens nur mäßig, denn wir können unsere Körpersignale sowie die Mikromuster kaum bewusst steuern. Bessere Kenntnisse der typischen Deutungen von Körpersprache helfen Ihnen, anderen bis zu einem gewissen Grad anzusehen, wie sie sich fühlen.

Dieses Wissen sollte aber nicht schematisch und nur mit dem Verstand angewendet werden. Die Sitzposition eines Mitarbeiters allein reicht nicht aus, zu entscheiden, in welchem Gemütszustand sich dieser befindet. Die Deutung kann richtig sein, muss es aber nicht. Genau diesen Unterschied kann Ihre Intuition aber herausfinden. Ihre unbewusste Wahrnehmung der Körpersprache von anderen kann auch Mikrosignale verarbeiten und vergleichen, ob sie zu den großen übergeordneten Signalen passen. Verschränkte Arme bedeuten in der Körpersprache zum Beispiel, dass sich jemand verschließt, einer Sache mit Distanz oder gar Ablehnung gegenübersteht. Jemand kann aber auch seine Arme verschränken, weil er seinen Bauch kaschieren will, weil ihm kalt ist oder der Stuhl kühle, unbequeme Armlehnen aus Stahlrohr hat. Ob es sich also wirklich um eine gewisse Distanzierung handelt oder nicht, kann Ihnen Ihre Intuition sagen, die auch die Mikrosignale des Gesichts empfangen kann.

Auch der Klang der Stimme spielt eine große Rolle. Wir können beim Mithören von aufgezeichneten Gesprächen von uns völlig fremden Personen oft schon nach 30 Sekunden erstaunlich gut einschätzen, in welchem

Gefühlszustand jemand ist. Bei Menschen, die wir gut kennen, reichen am Telefon oft sogar die ersten drei Sätze. Die Kombination aus Körpersprache und Stimme verrät also viel, wenn Sie neben Ihren Beobachtungen auch Ihre Intuition befragen.

Wie entwickeln Sie nun eine solche Intuition? Die Antwort lautet: durch Übung. Wie jede Fähigkeit müssen Sie auch diese trainieren. Am besten tun Sie dies, indem Sie sich immer wieder fragen: Was sagt mir mein Gefühl? Mit der Intuition ist es genauso wie bei den Emotionen und den daraus entstehenden Gefühlen. Sie müssen diese als etwas Gutes ansehen und wahrnehmen wollen. Bis Sie diese Fähigkeit aber wieder entwickelt haben, dauert es etwas. Sie benötigen also auch hierbei Geduld und eine wohlwollende Haltung sich selbst gegenüber.

## Entwickeln Sie ein echtes Interesse an den Menschen

Neben einem rationalen Verständnis für und einer intuitiven Wahrnehmung von Körpersprache benötigen Sie noch weitere Eigenschaften, damit Sie die Emotionen von anderen besser erkennen: ernst gemeintes Interesse an den Mitarbeitern und Geduld. Wenn Sie verstehen wollen, wie jemand sich fühlt und was er denkt, dann geht es vor allem anderen darum, die Bereitschaft zu entwickeln, sich wirklich auf diese Person einzulassen. Viele Vorgesetzte sind aber nicht aufrichtig an ihren Mitarbeitern interessiert. Sie wollen lediglich lernen, wie man es schafft, die Angestellten zum Mitmachen zu bewegen, oder anders gesagt, welche Knöpfe man drücken muss, damit Menschen in gewünschter Weise funktionieren. Das hat natürlich nichts mit Interesse zu tun, sondern mit Manipulation. Vorgesetzte, die Körpersprache vor allem deshalb studieren, um Mitarbeiter besser lenken zu können, werden damit nur begrenzten Erfolg haben. Denn sie selbst senden ja auch wieder Mikrosignale aus, an denen ihr Gegenüber unbewusst erkennen kann, dass ihre Absicht nicht wirklich wohlwollend ist. Mitarbeiter mit einer wachen Aufmerksamkeit und einer guten Intuition spüren das und distanzieren sich. So verspielt der Vorgesetzte wertvolles Vertrauen.

## Nehmen Sie sich regelmäßig Zeit für persönliche Gespräche

Der dritte und letzte Schritt besteht darin, sich Zeit für andere zu nehmen. Wie es einem Mitarbeiter oder einer Mitarbeiterin geht, erfahren Sie nicht, wenn Sie diese immer nur im Vorbeigehen auf dem Gang sowie einmal in der Woche beim Meeting sehen. Sie müssen Zeiten haben, in denen Sie die Person beobachten können, und zusätzlich regelmäßig Einzelgespräche führen.

Egal wie gut Ihre Beobachtungsgabe für Körpersprache ist – es gibt Menschen, denen man kaum ansieht, wie es ihnen geht. Manche Mitarbeiter wahren selbst in der größten Not noch die Fassade. Andere wiederum zeigen zumindest Ihnen als Führungskraft gegenüber so wenig Emotionen, wie es ihnen möglich ist. Schließlich sind Sie die Person, die ihre Leistung beurteilt und die mit über das Gehalt entscheidet. Da versuchen die Mitarbeiter verständlicherweise, sich unangenehme Gefühle so wenig wie möglich anmerken zu lassen. Die beste Methode, auch hier zu erfahren, wie es dem Mitarbeiter geht, ist daher immer noch, in einem regelmäßigen Abstand zu einem persönlichen Gespräch zu bitten und nachzufragen.

Es gibt Vorgesetzte, die nie oder nur einmal im Jahr ein stark formalisiertes, weil von oben vorgeschriebenes Jahresgespräch mit ihren Mitarbeitern führen. Das ist zu selten, um über das Jahr auftretende Verstimmungen und Missstände feststellen zu können. Sie sollten zwei- bis dreimal im Jahr mit Ihren Mitarbeitern ein Gespräch führen und sie fragen, wie es ihnen geht, was sie gerade machen und wie zufrieden sie sind. Überprüfen Sie Ihr Interesse an Ihren Mitarbeitern doch einmal, indem Sie überlegen, ob Sie die folgenden Fragen für die Ihnen direkt zugeordneten Mitarbeiter beantworten können:

- Wie geht es dem/der Mitarbeiter/-in in letzter Zeit?
- Wie zufrieden ist er/sie momentan mit der Arbeit?
- Welche Arbeiten verrichtet die Person gerne und welche nicht?
- Was ist ihm/ihr wichtig?
- Welche Themen, Projekte oder Kunden betreut die Person gerade?
- Wie will sich die Person weiterentwickeln?

Wenn Sie tatsächlich regelmäßige Gespräche führen, sollten Sie diese Fragen für jeden Mitarbeiter beantworten können.

*Um die Emotionen von Mitarbeitern wahrnehmen zu können, benötigen Sie Wissen über und Intuition für Körpersprache sowie echtes Interesse an den Mitarbeitern. Zusätzlich sollten Sie zwei- bis dreimal im Jahr ein persönliches Gespräch mit jedem Mitarbeiter führen.*

## 4.3 Wie Sie mit den Emotionen Ihrer Mitarbeiter richtig umgehen

Wenn Mitarbeiter angenehme Gefühle wie zum Beispiel Freude, Interesse und Enthusiasmus zeigen, sind die meisten Chefs davon sehr angetan. Hier werden die wenigsten sich fragen, wie man damit umgehen soll. Schwieriger wird es, wenn Mitarbeiter verärgert, aggressiv, enttäuscht, traurig oder verängstigt sind. Wie gehen Sie mit unangenehmen Emotionen angemessen um?

### *Bleiben Sie ruhig und reagieren Sie besonnen*

Sie wissen mittlerweile, dass Ihr limbisches System bei eintreffenden Reizen Emotionen auslöst, deren Entstehung Sie nicht beeinflussen können. Was Sie aber sehr wohl beeinflussen können, ist Ihr anschließendes Verhalten. Mit Ihrem Denken können Sie das Gefühl verstärken oder aber auch abschwächen. Von Ihnen als Führungskraft wird ein souveränes Verhalten erwartet. Also selbst dann, wenn Sie allen Grund hätten, laut zu werden, wird man Ihnen mehr Respekt zollen, wenn Sie zumindest nach außen hin ruhig bleiben. Zuerst einmal müssen Sie daher mit Ihren eigenen aufkommenden Emotionen umgehen. Beispiel: Sie merken, dass Sie sich über eine spontane emotionale Äußerung oder Handlung eines Mitarbeiters ärgern. Es wäre für Sie wahrscheinlich ein Leichtes, einen Mitarbeiter, der

Ihnen rhetorisch unterlegen und auch noch disziplinarisch unterstellt ist, mit einer eloquenten Antwort in seine Schranken zu weisen. Damit würden Sie als Sieger aus dem Ring gehen. Der Nachteil ist, dass der Mitarbeiter sich als klarer Verlierer fühlt. Besser ist es, wenn Sie sich zunächst beruhigen. Spontan können Sie dies tun, indem Sie nicht sofort etwas sagen, sondern erst ein paar Mal durchatmen und nach den geeigneten Worten suchen. Noch besser ist in vielen Fällen, eine Nacht darüber zu schlafen, bevor Sie mit einem Mitarbeiter ein Gespräch darüber führen, was Sie geärgert hat.

### *Versetzen Sie sich in die Situation des anderen*

Sehr hilfreich kann es dabei sein, sich für einen Moment in die Situation des anderen zu versetzen. Die Frage, die Sie sich stellen, sollte dann aber nicht lauten: „Wie würde ich mich in dieser Situation fühlen?" Die Antwort kann für die andere Person völlig unpassend sein, denn in vergleichbaren Situationen können sich beispielsweise Extravertierte und Introvertierte sehr unterschiedlich fühlen. Fragen Sie sich stattdessen: „Bei allem, was ich über diese Person weiß: Wie wird sie sich in einer solchen Situation wahrscheinlich fühlen?" Tatsächlich wird genau dieser Wechsel der Blickrichtung fast nie gemacht. Coaches wissen, dass schon so mancher Konflikt sich allein dadurch erledigt hat, dass sie ihre Klienten einmal konsequent in die Schuhe des anderen haben schlüpfen lassen. Aus der anderen Perspektive gesehen stellt sich einiges anders dar und so mancher Konflikt reduziert sich auf einmal auf ein lösbares Problem. Wenn Sie so einen Perspektivenwechsel angehen wollen, empfehle ich Ihnen, in einem ruhigen Raum zwei Stühle einander gegenüber aufzustellen. Setzen Sie sich auf den einen und sprechen Sie laut aus oder schreiben Sie auf, was Sie denken. Dann wechseln Sie auf den anderen Stuhl und versetzen sich in die Lage des anderen. Der Wechsel des Sitzplatzes und der Blickrichtung hilft Ihnen dabei, sich in die Lage des anderen zu versetzen. Probieren Sie es aus!

### Hören Sie zu

Wenn Sie den Eindruck haben, dass es einem Ihrer Mitarbeiter nicht gut geht, können Sie dies ansprechen. Tun Sie dies am besten unter vier Augen und sagen Sie einfach, was Ihnen aufgefallen ist: „Frau Müller, Sie wirken auf mich etwas verärgert. Nehme ich das richtig wahr oder bilde ich mir das ein?", oder: „Frau Meier, Sie wirken auf mich in den letzten beiden Wochen etwas niedergeschlagen. Gibt es dafür einen Grund?" Achten Sie dabei darauf, nicht zu werten, wie im folgenden Beispiel: „Frau Müller, Sie wirken auf mich etwas verärgert, dabei gibt es doch gar keinen Grund dafür. Was ist denn los mit Ihnen?" Wenn Sie Menschen ohne zu werten und im freundlichen Ton sagen, was Sie wahrnehmen, und dann ernsthaft interessiert zuhören, antworten diese häufig ehrlich und geben ihre Emotionen zu erkennen. Will der Mitarbeiter nicht antworten, bleiben Sie freundlich, bauen Sie keinen Druck auf und bieten Sie an, bei Bedarf jederzeit für ein Gespräch bereitzustehen. Es gibt Umstände, die man einem Vorgesetzten nicht wirklich erzählen kann oder will. Die Tatsache aber, dass Sie eine emotionale Reaktion beim Mitarbeiter bemerkt und freundlich angesprochen haben, wird vom Mitarbeiter als Interesse an seinem Wohlergehen normalerweise positiv bewertet. Und ihm wird gespiegelt, dass sein Verhalten auffällt. Wichtig ist, sich in dem Gespräch Zeit zu nehmen, geduldig zuzuhören und auch einmal freundlich abwartend zu schweigen.

Viele Führungskräfte stehen im Job unter starkem Druck, sind hektisch und wollen oder können nicht zuhören. Sie unterbrechen den Mitarbeiter oft schon nach wenigen Sekunden und fallen ihm ins Wort. Gewöhnen Sie sich an, bei offensichtlich emotionalen Themen schon zu Beginn mindestens drei Minuten lang zuzuhören, bevor Sie das erste Mal etwas erwidern. Das klingt zwar nach nicht viel Zeit, aber es bedeutet, langsam bis 180 zu zählen, und das ist für viele Manager eine gefühlte Ewigkeit. Dem Mitarbeiter gibt es dagegen das Gefühl, dass er erst mal aussprechen durfte, was ihn bewegt. Anschließend können Sie das Thema zuspitzen, indem Sie fragen: „Was hat Sie denn am meisten geärgert/enttäuscht/Ihnen Sorgen gemacht?" Wenn die Mitarbeiter das Gefühl haben, der Vorgesetzte hört ihnen richtig zu, entsteht eine solide Vertrauensbasis. Wenn nicht, verschließen sie sich sehr schnell wieder.

Wenn jemand sein Problem erklärt hat, bedeutet das übrigens nicht, dass Sie dieses nun auch lösen müssen. Es reicht meistens, einige lösungsorientierte Fragen zu stellen wie zum Beispiel: „Wie wollen Sie jetzt weiter vorgehen?", oder: „Was wäre denn ein erster Schritt hin zu einer Besserung der Situation?" Lassen Sie den Mitarbeiter dann Alternativen überlegen und reflektieren. Wenn Ihr eigenes Verhalten der Auslöser für das Problem sein sollte, gelten natürlich andere Regeln. In diesem Fall müssen Sie sich überlegen, wie Sie sich verhalten wollen. Haben Sie einen Fehler gemacht oder jemanden ungewollt verletzt, entschuldigen Sie sich dafür. Vielen Vorgesetzten fällt es sehr schwer, eine Entschuldigung auszusprechen. Dabei ist es ein Zeichen von Stärke und baut fast immer Respekt und Vertrauen auf.

*Verlassen Sie sich in der Mitarbeiterführung nicht allein auf rational bedingte Entscheidungen. Neh-*  *men Sie sich genügend Zeit, um die Emotionen einzelner Mitarbeiter zu verstehen, indem Sie diesen zuhören. Ihr Gegenüber spürt es, ob das Interesse echt oder nur „aufgesetzt" ist. Wenn möglich, versuchen Sie vor einer Reaktion, eine Nacht über die Sache zu schlafen. Versetzen Sie sich als Vorbereitung auf ein Gespräch in die Situation des anderen.*

# Fast Reader

## 1. Führen mit EQ lohnt sich

*Das limbische System beeinflusst durch Emotionen unser Denken und Handeln. Der Verstand liefert oft nur im Nachhinein eine Begründung für das emotionsgesteuerte Verhalten und erzeugt so die Illusion einer rationalen Entscheidung.*
*Wer als Führungskraft authentisch sein und vielleicht sogar charismatisch wirken will, muss lernen, seine Emotionen auszudrücken. Manager, die Emotionen verdrängen und eine Fassade von scheinbar dauerhafter guter Laune aufrechterhalten, wirken verkrampft und unecht.*

**Emotionen beherrschen unser Handeln weit mehr, als wir oft wahrhaben wollen. Ein souveräner Umgang mit den eigenen Gefühlen lässt sich lernen und verbessert Ihr Verhältnis zu den Mitarbeitern. Wenn Sie unangenehme Gefühle verdrängen, werden Sie auch taub gegenüber angenehmen Gefühlen: Es wird immer schwerer, sich zu freuen, sich für etwas zu begeistern und zu lieben.**

## 2. Führen ohne EQ hat einen hohen Preis

*Jungen übernehmen den begrenzten emotionalen Ausdruck der Väter und der Helden in Filmen. Weiche und schwache Emotionen werden mit der Zeit als typisch weibliche Persönlichkeitsteile abgespalten.*

*Männer neigen zum Externalisieren. Statt nach innen zu fühlen, konzentrieren sie sich auf die Außenwelt, analysieren und suchen nach Handlungsoptionen für eine Situation. Wird der Manager in einem Gespräch unvermittelt mit Emotionen konfrontiert, hat er Muster entwickelt, wie er diesen ausweichen kann.*

**Männern fällt es im Unterschied zu Frauen oft schwer, auf ihre Gefühle zu hören und diejenigen ihrer Umgebung wahrzunehmen. Das liegt an der geschlechtsspezifischen Erziehung, bei der Jungen „schwache" Emotionen nicht zugestanden werden, und an dem Mangel an Vorbildern von starken Männern, die Emotionen zeigen können. Das Abstumpfen gegenüber den eigenen Emotionen führt häufig zu normotischen Persönlichkeiten, die unentwegt „Dinge" anhäufen, ohne die normalerweise dazugehörigen positiven Emotionen spüren zu können. Langfristig verdrängte Emotionen können zu Auslösern körperlicher**

*Krankheiten oder des Burnout-Syndroms wer-*
*den.*

## 3.  Führen Sie sich selbst empa-
##       thisch

*Wenn Sie nicht gewollte Gefühle und Eigenschaf-*
*ten in den Schatten verdrängen, zahlen nicht nur*
*Sie selbst, sondern auch Ihre Mitarbeiter einen*
*erheblichen Preis dafür. Die in den Schatten ver-*
*bannten emotionalen Anteile Ihrer Persönlichkeit*
*projizieren Sie auf Ihre Mitarbeiter, um dann über-*
*trieben abwertend auf diese zu reagieren.*
*Nehmen Sie sich immer wieder Zeit, nach innen*
*zu spüren und Ihre Gefühle wahrzunehmen. Wenn*
*Ihr Verstand Sie dabei ablenkt, machen Sie sich*
*klar, dass er ein Instrument ist, das Sie führen*
*können.*

**Übernehmen Sie die Regie Ihres Verstandes und**
**räumen Sie Ihrer Intuition mehr Raum ein, auch in**
**der Beurteilung der Emotionen anderer. Nehmen**
**Sie Ihre Gefühle wahr und akzeptieren Sie diese,**
**ohne sie als gut oder schlecht zu bewerten. Jedes**
**Gefühl hat seine Berechtigung. Unangenehme**
**Gefühle können uns wichtige Hinweise geben.**